Bibliographic information published by the German National Library:

The German National Library lists this publication in the National Bibliography; detailed bibliographic data are available on the Internet at http://dnb.dnb.de .

Imprint:

Print and binding: Books on Demand GmbH, Norderstedt Germany
ISBN: 9783346210050

This book at GRIN:

https://www.grin.com/document/901614

Maoulida Fahad

Développement d'un système hybride de génération d'énergie en site isolé pour la télécommunication. Réalisation d'un régulateur de charge solaire

GRIN Verlag

UNIVERSITÉ D'ANTANANARIVO

DOMAINE DES SCIENCES

ET TECHNOLOGIES

MENTION : PHYSIQUE ET APPLICATION

MÉMOIRE DE FIN D'ETUDES

Pour l'obtention du

DIPLÔME DE MASTER

Parcours : MASTER D'INGÉNIERIE EN ÉNERGIES RENOUVELABLES

Sur :

DÉVELOPPEMENT D'UN SYSTÈME HYBRIDE DE GÉNÉRATION D'ÉNERGIE EN SITE ISOLÉ POUR LA TÉLÉCOMMUNICATION ET RÉALISATION D'UN RÉGULATEUR DE CHARGE SOLAIRE

Présenté et soutenu par

FAHAD Maoulida

Soutenu le 07 Juin 2018

DÉDICACES

À

Ma mère Madame ICHATA Assoumani ;

Vous avez été toujours du côté de votre époux pour m'inculquer, dès le premier chant du coq, la notion du combat notamment celui de la honte sous toutes ses formes. Mon absence prolongée auprès de vous s'inscrit dans la logique de vos préceptes et de la sagesse africaine qui stipule que « Le bonheur de l'Homme ne se trouve pas à l'ombre d'un baobab ». Vous êtes pour moi une source de vie. Je me réjouis de cet amour filial. Qu'Allah le tout puissant vous protège pour moi, et vous accorde une bonne santé et une longue vie.

Mon père Monsieur MAOULIDA Ahamada ;

Symbole de tendresse profonde et permanente, de sacrifice et d'amour éternel. Qu'Allah le tout puissant le protège pour moi et lui accorde une bonne santé

Mes frères et sœurs ;

Tous ceux qui m'ont aidé à réaliser de près ou de loin ce mémoire ;

Tous ceux qui me sont chers et ceux que j'ai aimé du fond de mon cœur.

« Si j'ai pu voir aussi loin, c'est que j'étais debout sur des épaules de géants »
Sir Isaac Newton, Mathématicien, physicien et philosophe anglais (1643-1727)

Nous sommes loin d'avoir vu aussi loin que Newton. N'empêche que nous avons nos géants à qui nous tenons à exprimer nos plus profondes reconnaissances. ***Merci beaucoup !!!***

REMERCIEMENTS

Si un mémoire de Master devait se résumer à cette sorte de long manuscrit que constitue ce document, cela serait bien triste pour son auteur, et tout autant ennuyeux pour ses lecteurs. Rassurez-vous, cela n'a pas été le cas grâce à la richesse et la variété des rencontres que j'ai eu l'occasion de faire au cours de ces cinq (courtes?) mois de travail au sein du **LEMA** (**L**aboratoire d'**E**nergie et **M**écanique **A**ppliquée) de la faculté des sciences et techniques de l'université des Comores.

Tout d'abord et avant tout, je remercie le professeur RAHERIMANDIMBY Marson, Responsable du domaine des sciences et technologies de l'Université d'Antananarivo, à Monsieur RAKOTONDRAMIARANA Hery Tiana, Maître de Conférences, Responsable de la Mention Physique et Applications et à Madame RAKOTO Joseph Onimihamina, responsable du parcours MIER, de m'avoir accueilli dans leurs domaines et institutions respectifs.

Je souhaite tout d'abord témoigner toute ma gratitude envers les membres du jury qui ont bien voulu consacrer à mon mémoire, une partie de leur temps très précieux. Mes remerciements vont tout d'abord à Madame RANDRIAMANANTANY Zely Arivelo, Professeur Titulaire à l'université d'Antananarivo pour m'avoir fait l'honneur de présider ce jury. Je remercie en particulier Monsieur RASAMIMANANA François de Salle, Maître de Conférences d'avoir accepté la lourde charge d'être examinateur de ce travail et pour le vif intérêt qu'il y a porté

Mes sincères remerciements vont à Monsieur KASSIM Mohamed Aboudou et Madame RAKOTO Joseph Onimihamina, mes encadreurs qui m'ont permis de travailler sur ce sujet passionnant. Vous avez été des modèles pour moi dans la recherche et avez fait grandir en moi la rigueur dans le travail. Au-delà de vos qualités scientifiques, vos qualités humaines m'ont aidé à garder le cap pendant ces deux années de mastère de dur labeur. Merci KASSIM, Merci RAKOTO Joseph.

La proposition de ce merveilleux thème de recherche par le Dr KASSIM ainsi que son accueil chaleureux dans son laboratoire m'a permis de ressentir la filière énergie en générale et les énergies renouvelables en particulière comme ma pension de cœur.

Une mention spéciale à mes parents et ma famille, plus particulièrement à mon infatigable maman Mme ICHATA Assoumani et à mon père Monsieur MAOULIDA Ahamada de m'avoir permis de poursuivre ces études.

Enfin, je ne saurais terminer sans remercier l'ensemble de mes sœurs et frères comoriennes et malgaches pour leur encouragement moral et leur soutien matériel me donnant de l'espoir. Je n'oublierais pas tous ceux qui me sont chers et qui m'ont tellement encouragé durant toute cette période d'étude.

Mes remerciements vont également à toutes les personnes qui n'ont pas été citées et qui ont participé de près ou de loin à la réussite de ce travail.

TABLE DES MATIÈRES

DÉDICACES ---------- i

REMERCIEMENTS ---------- ii

TABLE DES MATIÈRES ---------- iii

LISTE DES NOMENCLATURES ---------- vi

LISTE DES ABRÉVIATIONS ---------- vii

LISTE DES ANNEXES ---------- viii

LISTE DES FIGURES ---------- viii

LISTE DES TABLEAUX ---------- ix

INTRODUCTION GÉNÉRALE ---------- 1

Introduction ---------- 3

I.1. CONSOMMATION ÉNERGÉTIQUE DANS LE MONDE ET EN AFRIQUE ---------- 3

I.1.1. Contextes et problématiques ---------- 3

I.1.1.1. Consommation énergétique dans le monde ---------- 3

I.1.1.2. Situation énergétique en Afrique ---------- 5

I.1.1.3. Capacité en termes d'énergie renouvelable en Afrique ---------- 5

I.2. DÉFINITIONS ET GÉNÉRALITÉS SUR LES ÉNERGIES RENOUVELABLES ---------- 6

I.2.1. Croissance de l'exploitation des énergies renouvelables ---------- 6

I.2.2. Production de l'électricité par les énergies renouvelables ---------- 6

I.2.2.1. Production de l'énergie électrique d'origine solaire ---------- 7

I.2.2.3. Production de l'énergie électrique d'origine biomasse ---------- 7

I .2.2.4. Production de l'énergie électrique d'origine hydraulique ---------- 7

I.2.2.5. Production de l'énergie électrique d'origine géothermique ---------- 7

I.2.2.6. Production de l'énergie électrique d'origine marine ---------- 8

I.3. SYSTÈME HYBRIDE ---------- 8

I.3.1. Définition des systèmes hybrides ---------- 8

I.3.2. État de l'art d'un SEH ---------- 8

I.3.3. Principaux composants d'un système d'énergie hybride (SEH) ---------- 10

I.3.3.1. Composants auxiliaires ---------- 10

I.3.3.1.1. Système de supervision ---------- 10

I.3.3.1.2. Convertisseurs ---------- 10

I.3.3.1.3. Charges ---------- 10

I.3.4.Architectures des systèmes d'énergies hybrides (SEH) ---------- 10

I.3.4.1.Architecture à bus continu (CC) ---------- 10

I.3.4.2. Architecture à bus alternatif (CA) ---------- 11

I.3.4.3. Architecture mixte à bus continu/Alternatif (CC/CA) ---------- 12

I.3.5. Dimensionnement des systèmes d'énergies hybrides (SEH) ---------- 12

I.4. SITUATION ÉNERGÉTIQUE AUX COMORES ---------- 13

I.4.1. Caractéristiques géographiques et humaines des Comores ---------- 13

I.4.2. Problèmes d'électricité en Union des Comores ---------- 13

I.4.3. Contexte énergétique des Comores ---------- 13

I.4.4. Production énergétique des Comores ---------- 14

I.4.5. État des lieux sur l'énergie aux Comores ---------- 14

I.4.5.1. Répartition des ressources ---------- 14

I.4.5.2. Produits pétroliers ---------- 14

I.4.5.3. Consommation des produits pétroliers ---------- 15

Conclusion ---------- 16

Introduction ---------- 15

II.1. MODÉLISATION DES GENERATEURS A ENERGIE RENOUVELABLES ---------- 15

II.1.1. Modélisation du générateur PV ---- 15
II.1.1.1. Système de production et de conversion du générateur PV ---- 15
II.1.1.2. Modélisation d'une cellule et d'un module (panneau) PV ---- 16
II.1.1.3. Modélisation d'une cellule PV ---- 16
II.1.1.4. Modélisation du Module (panneau) PV ---- 18
II.1.1.4.1. Influence de la température sur le rendement des cellules ---- 20
II.1.1.4.2. Influence du rayonnement sur les cellules ---- 22
II.1.1.6.1. Principe de la recherche du point de puissance maximale (MPPT) ---- 24
II.1.1.6.1.1. Définition 24
II.1.2. Modélisation du générateur éolien ---- 25
II.1.2.1. Historique de l'éolien ---- 25
II.1.2.2. Généralités sur les systèmes éoliens ---- 25
II.1.2.3. Caractéristiques des éoliennes ---- 26
II.1.2.3.1. Éolienne à axe horizontal ---- 26
II.1.2.3.2. Éolienne à axe vertical ---- 26
II.1.2.4. Système de production d'électricité éolienne ---- 27
II.1.2.4.1. Principaux composants d'un système éolien ---- 28
II.1.2.4.1.1. La turbine 28
II.1.2.4.1.2. Le système électromécanique 28
II.1.2.4.1.3. Le système d'interconnexion 28
II.1.2.4.1.4. Le système de contrôle 28
II.1.2.5. Puissance énergétique d'une éolienne ---- 28
II.1.2.6. Puissance énergétique disponible ---- 28
II.1.2.7. Potentiel énergétique éolien (théorème de Betz) ---- 29
II.1.2.8. Puissance éolienne moyenne utilisable ---- 30
Conclusion ---- **31**
Introduction ---- **30**
III.1. CHOIX DU SITE À ÉTUDIER ---- 30
III.1.1. Présentation du modèle ---- 31
III.1.2. Choix du paramètre du modèle ---- 32
III.1.3. Choix des équipements électriques à alimenter ---- 32
III.2. LA CHARGE À ALIMENTER ---- 32
Type de besoins ---- **33**
III.2.1. Le système de générateur éolien ---- 33
III.2.1.1. Source d'énergie éolienne ---- 33
III.2.1.2. Étude technico-économique du système éolien ---- 35
III.2.2. Système du générateur PV ---- 36
III.2.2.1. Source d'énergie PV ---- 36
III.2.2.2. Étude technico-économique du système PV ---- 36
III.2.3. Système du générateur diesel ---- 37
III.2.4. Système de convertisseur de puissance ---- 38
III.2.5. Système de stockage électrique ---- 39
III.2.5.1. Étude technico-économique Système de stockage électrique ---- 39
Conclusion ---- **40**
Introduction ---- **39**
IV.1. RÉSULTATS PAR OPTIMISATION ---- 39
IV.1.1. Configuration du système ---- 39
IV.1.2. Configuration choisie (PV/Éolien/GE/Stockage) ---- 40
IV.1.3. Architecture possible ---- 40
IV.1.3.1. Résultats détaillés sur les coûts des composants du SEH ---- 40
IV.1.3.1.1. Répartition des coûts de l'installation ---- 40
IV.1.3.1.2. Bilan des coûts ---- 41

IV.1.3.2. Production et la consommation électrique du système--- 42
IV.1.3.2.1. Production du système PV/Éolien/GE/Stockage--- 42
IV.1.3.2.1.1. Production du Générateur PV 44
IV.1.3.2.1.2. Production du Générateur Éolien 44
IV.1.3.2.1.3. La production du générateur Diesel.. 45
IV.1.3.2.1.4. La production des batteries de stockage... 46
IV.1.3.2.1.5. Convertisseur 47
IV.1.3.3. Émissions des Gaz--- 47
IV.2. RÉSULTATS PAR SENSIBILITÉ --- 48
IV.2.1. Configurations du SEH en fonction du prix du carburant------------------------------------- 48
IV.2.2. Évaluation des différents coûts du système-- 49
IV.2.2.1. Évaluation des coûts de l'énergie produit -- 49
IV.2.2.2. Évaluation du coût net total actuel du système --- 51
VI.2.2.3. Évaluation du Coûts total annuel du système --- 52
Conclusion -- 52
Introduction -- 53
V.1.Présentation d'Arduino -- 53
V.1.1. Histoire d'Arduino --- 54
V.1.2. Logiciel Arduino ou Arduino IDE-- 54
V.1.3.Description de la carte Arduino utilisé et du module GSM --------------------------------------- 55
V.1.3.1.L'Arduino :--- 55
V.1.3.2. Le module GSM :-- 56
V.2.Logiciel de simulation et de CAO--- 56
V.2.1.Proteus (ISIS et ARES)-- 56
V.3.Caractéristiques électriques d'un régulateur de charge solaire :-- 57
V.3.1.Description de la réalisation : --- 57
V.3.2.Principe de fonctionnement --- 57
V.3.3. synoptique et électrique du régulateur -- 58
V.4.La Réalisation pratique et les résultats obtenus : -- 60
V.4.1. Liste des composants utilisés :-- 61
V.4.2.Résultats obtenus : -- 61
V.4.2.1.Difficultés rencontrées lors de la réalisation : -- 61
V.4.2.2.Remarque : -- 61
CONCLUSION GÉNÉRALE ET PERSPECTIVES-- 63
RÉFÉRENCES -- I

LISTE DES NOMENCLATURES

Unité	Symbole	Observation
Ampère	*A*	Intensité électrique
Volt	*V*	Tension électrique
Watt, Kilo watt ou Kilo volt Ampère	*W, kW ou kVA*	Puissance
Kilo Watt par mètre carré	*H ou G*	Eclairement ou irradiation solaire
mètre carré	m^2	Surface
Mètre par seconde	*m/s*	Vitesse du vent
Ohm	Ω	Résistance électrique
Hertz	*Hz*	Fréquence
Degré Celsius ou degré Kelvin	*°C ou K*	Température
milli ampère	*Ma*	Courant électrique
Kilo watt	*Kw*	capacité nominale du générateur PV
Pour cent	*%*	Facteur de déclassement PV
Pour cent par degré Celsius	*%/°C*	Coefficient de température de la puissance
Le coulomb	$1.6.10^{-19}C$	Charge de l'électron
Joule par Kelvin	$1.38\ 10^{-23}\ J/K$	constante de Boltzmann
Dollar	*$*	Récupération (Bénéfice ou rendement)
Année	*An*	Durée de vie du composant

LISTE DES ABRÉVIATIONS

AIE :	Agence Internationale de l'Energie
CA :	Courant Alternatif
CC :	Courant Continu
DGEME :	Direction Générale de l'Energie, des Mines et de l'Eau
ENR :	Energies Renouvelables
EDA :	Électricité D'Anjouan
GD :	Générateur Diésel
GE :	Groupe électrogène
GES:	Gaz à Effet de Serre
GSM:	Global System for Mobile communication
GPL :	Gaz de Pétrole Liquéfié
GPV :	Générateur Photovoltaïque
HOMER:	Hybrid Optimization Model for Electric Renewables
LEMA :	Laboratoire d'Energie et Mécanique Appliqué
MIER :	Master d'Ingénierie en Énergies Renouvelables
MAMWE:	Madji na Mwendje Wa Komor (Eau et électricité des Comores)
MPPT:	Maximum Power Point Tracker
NREL	National Renewable Energy Laboratory
PPM :	Power Point Maximum (Point de Puissance Maximal)
PV:	Photovoltaïque
SH :	Système Hybride
SEH :	Système d'Energie Hybride
TEP :	Tonne Equivalent Pétrole

LISTE DES ANNEXES

Annexe 1: Article CIFEM 2018 à Cotonou (Benin) du 23 au 25 Avril 2018 avec le programme----------- **Fehler! Textmarke nicht definiert.**
Annexe 2: Article ICOME'2018 à San Sébastian (Espagne) du 30 Avril au 04 Mai 2018 avec le programme --- **Fehler! Textmarke nicht definiert.**
Annexe 3: Publication en cours dans un journal -------------------------------- **Fehler! Textmarke nicht definiert.**

LISTE DES FIGURES

Figure I. 1. Répartition de la production électrique dans le monde [5] 3
Figure I. 2. Taux de croissance annuelle moyenne 2015-2016 [5]........ 4
Figure I. 3. Structure de la production électrique d'origine renouvelable [9]........ 6
Figure I. 4. Architecture des systèmes hybrides d'énergie [14] 9
Figure I. 5. Système hybride de type EPVDS (éolien-PV-diesel-stockage) [14]. 9
Figure I. 6. Configuration du SEH à bus CC [14]. 11
Figure I. 7. Configuration du SEH à CA [14]. 11
Figure I. 8. Configuration du SHE à deux bus CC et CA [14]. 12
Figure I. 9. Carte géographique des Comores [15] 13
Figure I. 10. Répartition des ressources énergétiques des Comores [16] 14
Figure I. 11. : Les différents produits pétroliers [16] 15
Figure I. 12. Consommation des produits pétroliers [16]........ 15

Figure II. 1. Description d'une photopile ou cellule photovoltaïque [18]. 16
Figure II. 2. Schéma électrique équivalent d'une cellule solaire........ 17
Figure II. 3. Effet de la température sur la caractéristique I-V........ 21
Figure II. 4. Effet de la température sur la caractéristique P-V 22
Figure II. 5. Effet de l'éclairement sur la caractéristique I-V........ 23
Figure II. 6. Effet de l'éclairement sur la caractéristique P-V........ 23
Figure II. 7La caractéristique I-V et la trajectoire de PPM 24
Figure II. 8. La caractéristique P-V et la trajectoire de PPM. 25
Figure II. 9. Configuration à axe horizontal [28] 26
Figure II. 10. Éolienne de type Darrieus et Savonius [28] 27
Figure II. 11. Principe de la conversion d'énergie d'une éolienne. 27
Figure II. 12. Bilan sur une section de l'hélice 29
Figure II. 13. Diagramme de la puissance utile sur l'arbre 30

Figure III. 1. Modèle schématique du système autonome pour la télécommunication 31
Figure III. 2. Modèle schématique du système sur HOMER 32
Figure III. 3. Évolution journalière du profil charge du site 33
Figure III. 4. Evolution annuelle de la vitesse du vent du site 34
Figure III. 5. Variation de la fréquence des vitesses du vent (courbe de Weibull)........ 34
Figure III. 6. Courbe de puissance de l'aérogénérateur BWC Excel-R........ 35
Figure III. 7. Coûts du système éolien en fonction des quantités d'aérogénérateurs 35
Figure III. 8. Évolution annuelle des irradiations solaire du site........ 36
Figure III. 9. Coûts des systèmes PV en fonction des tailles 37
Figure III. 10. Coûts ($) du générateur diesel en fonction de sa taille (kW) 38
Figure III. 11. Coût ($) du convertisseur en fonction de sa taille (kW) 38
Figure III. 12. Capacité nominale de la batterie en fonction du courant de charge........ 39
Figure III. 13. Coûts du stockage en fonction de la quantité d'éléments de la batterie........ 40

Figure IV. 1.Configuration optimale du SEH pour un site de télécommunication ... 39
Figure IV. 2.Résultats des coûts détaillés des composants du système ... 41
Figure IV. 3. Puissance moyenne mensuelle produite par chaque source ... 43
Figure IV. 4. Densités de puissances produites par PV ... 44
Figure IV. 5. Densités journalière et annuelle d'énergie produite par l'éolienne ... 45
Figure IV. 6. Densités de puissances journalière et mensuelle du générateur diesel. ... 45
Figure IV. 7. Densité de l'état de charge de la batterie ... 46
Figure IV. 8. Densité de puissance du redresseur. ... 47
Figure IV. 9. Composition optimale du SEH en fonction du prix du carburant. ... 48
Figure IV. 10. Scénario possible pour les différentes sensibilités introduites ... 49
Figure IV. 11. Coûts de l'énergie produite par le SEH pour différents prix du carburant ... 50
Figure IV. 12.Coût net total actuel du système pour différents prix du carburant ... 51
Figure IV. 13. Coût total annuel du système pour différents prix du carburant ... 52

Figure V. 1. Arduino Software (IDE). ... 54
Figure V. 2. Les différentes parties d'un programme Arduino. ... 55
Figure V. 3. Carte Arduino UNO ... **Fehler! Textmarke nicht definiert.**
Figure V. 4. Caractéristiques de la carte Arduino Uno ... 56
Figure V. 5. Module GSM 900 ... **Fehler! Textmarke nicht definiert.**
Figure V. 6. Schéma synoptique ... 59
Figure V. 7. Schéma électrique du régulateur. ... 59
Figure V. 8. Montage dans une plaque d'essai ... 60
Figure V. 9. Montage du prototype déjà conçu. ... 60
Figure V. 10. Batterie déchargé et en pleine charge ... 62
Figure V. 11. Batterie pleine et charge terminé. ... 63

LISTE DES TABLEAUX

Tableau III. 1. Caractéristiques des équipements à alimenter ... 33
Tableau III. 2. Valeurs mensuelles de la vitesse du vent du site ... 33
Tableau III. 3. Résultats de l'étude statique de la vitesse du vent ... 34
Tableau III. 4. Valeurs mensuelles de l'irradiation solaire du site ... 36

Tableau IV. 1. Architecture possible pour la configuration ... 40
Tableau IV. 2. Coûts de l'installation ... 42
Tableau IV. 3. Coût net actuel ... 42
Tableau IV. 4. Énergie annuelle produit du système ... 43
Tableau IV. 5. Paramètres de fonctionnement de l'éolienne ... 44
Tableau IV. 6. Propriétés du combustible ... 45
Tableau IV. 7. Les émissions de gaz ... 48

Tableau V. 1. Liste des composants. ... 61

INTRODUCTION GÉNÉRALE

Le travail de ce mémoire de Master a été effectué au Laboratoire d'Énergie et Mécanique Appliqué (LEMA) de la faculté des sciences et technique de l'Université des Comores. Il essaie d'apporter une part des solutions à la crise énergétique actuelle que traversent la plupart des pays Africains, surtout ceux de l'Océan Indien dont fait partie l'Union des Comores. Ce travail s'intéresse plus particulièrement à la question de l'accès à l'énergie électrique dans les zones rurales de l'archipel mais aussi et surtout dans les sites isolés pour la télécommunication. L'électricité représente en effet de nos jours une ressource essentielle et vitale pour l'homme : l'approvisionnement en nourriture et en eau, la climatisation, l'éclairage, la santé, les communications, l'informatique, etc. en dépendent étroitement [1]. Par ailleurs, l'électrification rurale des sites isolés pour la télécommunication des pays Africains, de l'Océan Indien en général et de l'Union des Comores en particulier se fait par l'intermédiaire des générateurs diésel.

Alors que depuis les chocs pétroliers successifs observés depuis les années 70 on a assisté à un manque de production d'énergie reposant sur l'exploitation des ressources fossiles, dont les réserves sont mal réparties et épuisables. La pollution atmosphérique, le réchauffement climatique, les risques du nucléaire et les limites des ressources ont fait prendre conscience qu'un développement économique respectueux de l'environnement, dans lequel nous vivons, est nécessaire. De plus, une grande partie du monde ne sera sans doute jamais raccordée aux réseaux électriques dont l'extension s'avère trop coûteuse pour les territoires isolés, peu peuplés ou difficiles d'accès. De plus, le surcoût de l'approvisionnement en combustible augmente radicalement avec l'isolement. Actuellement, deux milliards et demi d'habitants, principalement dans les zones rurales des pays en développement, ne consomment que 1 % de l'électricité produite dans le monde [2].

Les énergies renouvelables (ENR) constituent donc une alternative aux énergies fossiles à plusieurs titres : elles perturbent généralement moins l'environnement, n'émettent pas de gaz à effet de serre et ne produisent pas de déchets; elles sont inépuisables; elles autorisent une production décentralisée adaptée à la fois aux ressources et aux besoins locaux; elles offrent une importante indépendance énergétique [3].

L'utilisation de l'énergie hybride (Solaire-Éolien-Diesel-Stockage) est de plus en plus utilisée dans diverses applications en sites isolés telles que l'éclairage, la réfrigération, le pompage ou les télécommunications. Ce dernier fait l'objet de notre travail. Pour un développement durable, le recours à l'utilisation des systèmes énergétiques à sources d'ENR dans les sites isolés pour la télécommunication dans des pays en voie de développement comme les Comores est devenu indispensable.

Connaissant les problèmes rencontrés pour le transport de l'énergie électrique dans ces zones éloignées, ainsi que le coût élevé, il serait plus judicieux d'envisager l'utilisation de systèmes hybrides dans ces régions puisque les gisements solaire et éolien dans l'archipel y sont importants. L'étude préalable de ce type de système est une étape importante, du fait qu'un système surdimensionné engendrera des surcoûts, tandis qu'un système sous dimensionné serait moins fiable.

C'est dans ce sens-là que nous avons décidé de dimensionner un système hybride constitué de systèmes de conversion d'ENR, (PV et éolien), un système d'énergie conventionnelle (générateur diesel) et le système de stockage (batteries de stockage) en utilisant le logiciel Homer, comme outil de simulation. Dans ce cas, plusieurs simulations seront effectuées pour vérifier la performance du système hybride sous différents scénarii en utilisant des données réelles météorologiques des Comores.

L'objectif de ce travail est de développer un système hybride de génération d'énergie en milieu rural ou isolé afin de satisfaire la demande de charge pour l'alimentation des systèmes de télécommunications tels que les pylônes de réseau de télécommunication aux Comores plus particulièrement à la Grande Comores[1].

Le document de synthèse du travail de ce mémoire est structuré en Cinque grands chapitres :

- ☞ Le premier chapitre sera consacré à un état de l'Art sur les énergies renouvelables, surtout un cas général du système énergétique et de la consommation de l'énergie dans le monde, en Afrique et aux Comores, en vue d'aboutir aux résultats attendus ;
- ☞ Le deuxième chapitre portera, éventuellement sur les modèles mathématiques ;
- ☞ Un troisième chapitre parlera du Dimensionnement d'un système énergétique pour l'alimentation électrique des pylônes pour les télécommunications ;
- ☞ Le quatrième chapitre abordera les résultats et les discussions de notre travail ;
- ☞ Le cinquième chapitre parlera de la réalisation de notre dispositif, qui est un régulateur de charge.

Enfin, nous allons conclure ce modeste travail par un rappel concernant les principaux résultats obtenus durant les simulations et nous allons donner les éventuelles perspectives envisagées.

---

[1] Grande Comore : C'est l'île la plus grande parmi les quatre îles de l'archipel des Comores.

ÉTAT DE L'ART :

CAS GÉNÉRAL DU SYSTÈME ÉNERGÉTIQUE ET DE LA CONSOMMATION DE L'ÉNERGIE DANS LE MONDE, EN AFRIQUE ET AUX COMORES

Introduction

Nous sommes tous conscients que notre planète est en danger à cause des activités industrielles provocant une pollution atmosphérique. Chaque jour, notre consommation en énergie fossile favorise le réchauffement climatique. De plus, les réserves pétrolières continuent à s'épuiser. Face à ce constat, nous devons trouver des nouvelles sources d'énergies qui vont respecter notre environnement, d'où l'utilisation impérative des ENR. Une alternative intéressante et puissante est à considérer comme celle de l'énergie solaire et l'éolienne qui ont attiré l'attention au niveau de la production de l'électricité à grande échelle. Cependant elles présentent un inconvénient commun par leur caractère imprévisible et la dépendance des conditions météorologiques et climatiques qui changent avec le temps [4].

Pour cela, les systèmes hybrides qui combinent entre plusieurs formes d'énergie font l'axe principal de l'actualité dans le monde énergétique en général et aux Comores en particulier pour les sites éloignés du réseau électrique de la MAMWE[2] et de l'EDA[3].

I.1. CONSOMMATION ÉNERGÉTIQUE DANS LE MONDE ET EN AFRIQUE

I.1.1. Contextes et problématiques

I.1.1.1. Consommation énergétique dans le monde

De nos jours, une grande partie de la production mondiale d'énergie est assurée à partir des sources fossiles. La consommation de ces sources donne lieu à des émissions de gaz à effet de serre. L'exploitation des ENR est une solution indispensable. On peut prévoir que tout système énergétique durable dans le futur, sera basé sur l'utilisation de ces sources. En 2016, la production d'électricité mondiale provenant des sources d'ENR a atteint 20,2% de la production totale. Cette partie est nettement inférieure à la production issue des combustibles fossiles (67,2%) toutefois reste néanmoins supérieure à la part de la production d'origine nucléaire (13,0%) [5].

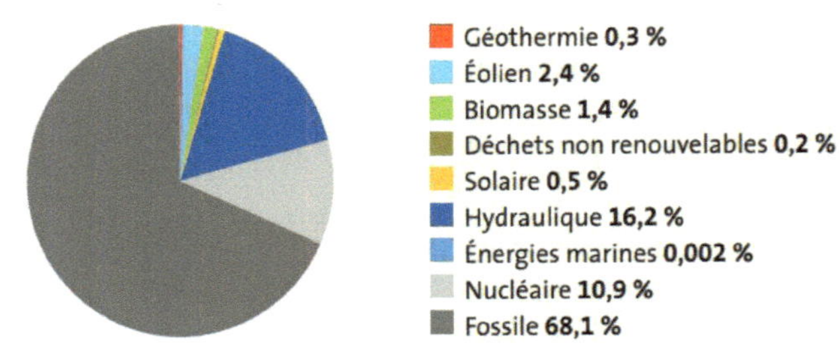

Figure I. 1. Répartition de la production électrique dans le monde [5]

---

[2] MAMWE (Madji na Mwendje wa Komor) : Société d'eau et d'électricité pour la Grande Comore et Mohéli.
[3] EDA (Electricité D'Anjouan): Société d'électricité pour l'île d'Anjouan.

L'apport des nouveaux systèmes de production d'ENR a été décisif pour freiner l'augmentation de la part des sources conventionnelles au niveau mondial, et ainsi réduire la production des GES (gaz à effet de serre). Sur la période 2006-2016, la croissance de la production des filières renouvelables hors hydraulique a été cinq fois plus rapide que celle de l'hydraulique (12,5% contre 2,5%) [5].

Une analyse détaillée filière par filière montre que c'est la production d'électricité solaire qui affiche le plus fort taux de croissance annuelle sur la période (+ 38,1%). Sur la même période, la croissance de la filière éolienne est également très importante (+ 27,1% par an en moyenne). La croissance de la filière biomasse est plus modérée (+ 7%), mais reste plus de deux fois supérieure à celle de la production d'électricité totale [5].

Cette croissance est restée très active entre 2015 et 2016 (+ 6,5%), dans un contexte de forte croissance de la production d'électricité. Compte tenu de la dynamique actuelle des filières éolienne, solaire et biomasse, la croissance de la production d'électricité renouvelable devrait rester soutenue dans les prochaines années et sa part dans la production mondiale devrait continuer à augmenter.

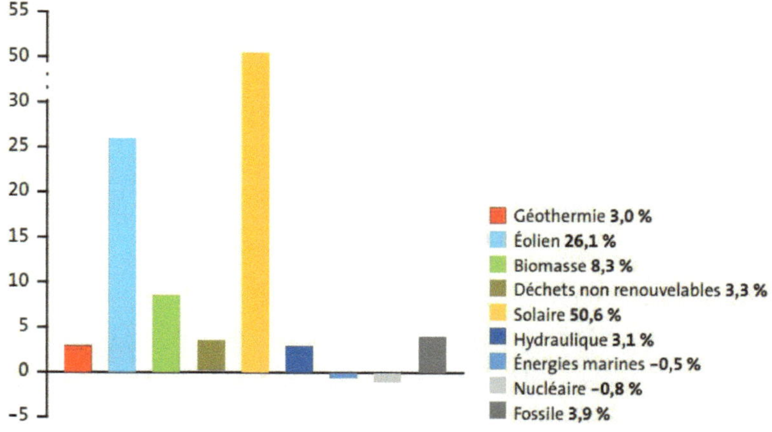

Figure I. 2. Taux de croissance annuelle moyenne 2015-2016 [5]

Après un bref bilan des ressources énergétiques exploitables, on se concentrera ensuite sur les systèmes de production éolienne et photovoltaïque, qui sont les premières sources d'énergie renouvelable dans un proche avenir. Dans le cadre de ce mémoire, nous ne nous intéressons qu'à l'utilisation de ces sources combinées avec un GD pour l'électrification des sites isolés plus particulièrement pour les sites des télécommunications. La production d'électricité décentralisée par sources d'énergie renouvelable nous offre une solution prometteuse pour des consommateurs autonomes en respectant l'environnement.

I.1.1.2. Situation énergétique en Afrique

L'Afrique dispose de réserves fossiles. Ne pas les utiliser pour développer sa croissance pourrait apparaitre comme injuste. Le manque des infrastructures devrait pousser à se tourner vers les ENR hors réseau ou dites « off grid ». ¼ de l'humanité vivra en Afrique en 2050 et aujourd'hui l'Afrique compte 1,2 milliard d'habitants avec la population la plus jeune du monde. 1/3 de la réserve minière est en Afrique. La croissance africaine des 5 dernières années montre un taux de 4,4%. Aucun autre continent ne fait mieux. L'électricité moyenne coute trois fois plus chère qu'en Europe ou aux USA. 8% des réserves pétrolières est en Afrique ,8% en gaz et 4% en charbon [6].

La consommation énergétique moyenne de l'Afrique est de 0,5 tep/hab contre 1,2 tep/hab en moyenne mondiale. Selon la Banque mondiale, l'Afrique aurait besoin d'un apport annuel de 7 Gw de production électrique pour faire face à la demande croissante d'électricité alors que seulement 1 Gw était effectivement ajouté chaque année [6].

I.1.1.3. Capacité en termes d'énergie renouvelable en Afrique

Les capacités géothermiques sont concentrées en Afrique de l'Est. En effet, le potentiel en énergie thermique de la Vallée de Rift est estimé de 9000 MW, pourtant seuls 54Mw sont extraits soit 1%du dit potentiel. Les réserves d'énergie hydraulique d'une capacité de 1100TWh ne sont exploitées qu'en 8%. L'Afrique de l'Ouest fait partie des régions les plus ensoleillées de la planète car le soleil est présent toute l'année. Le flux solaire moyen est d'environ 5 à 6 $KWh/m^2/jour$ en zone tempérée Européenne [6].Dans plusieurs pays, la volonté politique d'utiliser les ENR semble présente. On peut citer par exemple [6] :

- La ferme éolienne de Ngong au KANYA qui a une puissance de 13,6 MW ;
- La centrale hydraulique Buyagali en OUGANDA qui a une puissance de 250 MW ;
- La ferme solaire Noor au MAROC qui a une puissance de 160 MW.

Ce dernier (le MAROC), vise 42% de sa production d'électricité grâce au renouvelables d'ici 2020. Toutefois, le véritable défi du continent sera de ramener l'électricité dans les zones rurale.

I.2. DÉFINITIONS ET GÉNÉRALITÉS SUR LES ÉNERGIES RENOUVELABLES

I.2.1. Croissance de l'exploitation des énergies renouvelables

On appelle énergies renouvelables ou énergie vertes toute énergie qui se renouvelle et qui est inépuisable tout au moins à l'échelle humaine.

Il existe différentes sources d'ENR disponibles sur la planète dont les principales sont: l'énergie solaire, l'énergie éolienne, la biomasse et la géothermie. Elles peuvent être converties, selon les besoins, en électricité ou en chaleur. La cogénération d'électricité et de chaleur est possible dans le cas de la géothermie, de la biomasse et de l'énergie solaire [7-8]. Le développement et l'exploitation des ENR ont connu une forte croissance ces dernières années. D'ici 20-30 ans, tout système énergétique durable sera basé sur l'utilisation rationnelle des sources traditionnelles et sur un recours accru aux ENR [9]. Les études ont étés élaborées pour faire de cet outil non polluant l'axe de recherche pour plusieurs chercheurs dans le but de minimiser les effets négatifs des ressources classiques de production de l'énergie.

I.2.2. Production de l'électricité par les énergies renouvelables

La production de l'électricité par les ENR peut se produire par plusieurs origines à savoir : le soleil, le vent, la chute d'eau, la géothermie, la biomasse, etc. Au niveau mondial, l'ENR provient de six sources distinctes. L'hydroélectricité est la principale avec une contribution de 82,9%. La biomasse est la seconde source avec 6,3%. Viennent ensuite la filière éolienne (8,3%), la géothermie (1,6%), le solaire qui regroupe les centrales photovoltaïques et thermiques (0,2%), et enfin les énergies marines (0,01%) [9].

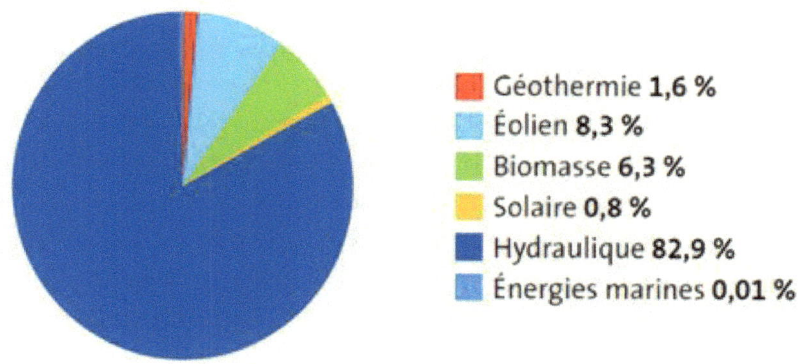

Figure I. 3. Structure de la production électrique d'origine renouvelable [9]

Dans cette section, nous ne prenons pas en compte les sources énergétiques sous forme de chaleur, L'électricité étant produite par un système thermodynamique avec l'aide d'un fluide coulant (source biomasse, source géothermie et source solaire thermique). Ensuite, nous présentons une autre famille par laquelle l'énergie produite l'est directement sous la forme électrique.

I.2.2.1. Production de l'énergie électrique d'origine solaire

L'énergie solaire PV fait l'objet d'un grand intérêt ces dernières années. Mais il existe deux technologies pour la production d'électricité via le solaire PV. L'une des technologies s'appuie sur les modules PV basé sur l'effet photoélectrique. Cette ressource a donc l'avantage d'être inépuisable et utilisable en tout point d'un territoire.

I.2.2.2. Production de l'énergie électrique d'origine éolienne

Les énergies éoliennes sont notamment caractérisées par des déplacements de masse d'air à l'intérieur de l'atmosphère. C'est l'énergie mécanique de ces déplacements de masse d'air qui est à la base de l'énergie éolienne. Cette source est non polluante. Néanmoins l'énergie éolienne est intermittente, et l'installation de parcs éoliens engendre des impacts paysagés et sonores [11].

I.2.2.3. Production de l'énergie électrique d'origine biomasse

La biomasse désigne toute la matière vivante d'origine végétale ou animale de la surface terrestre. Généralement, les dérivés ou déchets sont également classés dans la biomasse. Différents types sont à considérer : le bois énergie, les biocarburants et le biogaz. Le bois énergie est une ressource très abondante, c'est la ressource la plus utilisée au monde.

I .2.2.4. Production de l'énergie électrique d'origine hydraulique

L'énergie électrique est produite par la transformation de l'énergie cinétique de l'eau en énergie électrique par l'intermédiaire d'un rotor alternateur relié à un ensemble mécanique situé autour de la roue motrice. La quantité d'énergie extraite de l'eau retenue derrière un barrage dépend du volume d'eau et de la hauteur de chute. Cette source a l'avantage de ne pas être polluante. On peut maitriser le stockage de l'énergie d'une manière assez simple afin de débarrasser les cours d'eau des déchets grâce aux différents filtres des barrages. La technologie nécessaire pour son utilisation est maîtrisée. Le bruit, l'impact sur la vie aquatique, des installations complexées, et des sites limités pour l'exploitation sont ses principaux inconvénients [11].

I.2.2.5. Production de l'énergie électrique d'origine géothermique

Le terme géothermie provient du grec <Gé> et <thermos>, signifiant respectivement : la terre et la chaleur. La géothermie peut se définir comme étant la technique qui consiste à puiser dans le sous-sol ou dans les roches, les calories qui y sont contenues, afin de les rendre disponibles en surface pour des applications de chauffage ou de production d'électricité. Dans des cas particuliers, la géothermie peut consister à injecter de la chaleur dans le sous-sol afin de refroidir les installations de surface.

I.2.2.6. Production de l'énergie électrique d'origine marine

L'énergie marine ou des mers est extraite du milieu marin. Il y a notamment l'énergie marémotrice (issue du mouvement de l'eau créé par les marées), l'énergie des vagues (utilise la puissance du mouvement des vagues), l'énergie thermique des mers (produite en exploitant la différence de température entre les eaux superficielles et les eaux profondes des océans), les éoliennes offshore, et l'énergie osmotique (diffusion ionique provoquée par l'arrivée d'eau douce dans l'eau salée de la mer).

I.3. SYSTÈME HYBRIDE

I.3.1. Définition des systèmes hybrides

Le problème avec la puissance variable et non garantie produite par les sources d'ENR, peut être résolu par un couplage des sources d'approvisionnement et la formation d'un système dit hybride (SH). Un système d'énergie hybride (SEH) est défini comme une installation qui utilise deux ou plus des technologies de la génération d'énergies : une ou plusieurs sources de production d'énergie et classique (groupe diesel en général) et au moins une source de production d'ENR [12].

Les sources d'ENR, comme l'éolienne et le photovoltaïque, ne délivrent pas une puissance constante. Leur association avec des sources classiques permet d'obtenir une production électrique continue. Les systèmes d'énergie hybrides sont généralement autonomes par rapport aux grands réseaux interconnectés et sont souvent utilisés dans les régions isolées [13].

I.3.2. État de l'art d'un SEH

En plus d'un ou plusieurs générateurs diesel (GD) et d'au moins une source d'ENR, un SEH peut aussi incorporer un système de distribution à courant alternatif (CA), un système de distribution à courant continu (CC), un système de stockage, des convertisseurs, des charges, des charges de délestage et une option de gestion des charges ou un système de supervision. Toutes ces composantes peuvent être connectées en différentes architectures. Celles-ci sont résumées dans la figure suivant. Dans la plupart des cas, les systèmes hybrides classiques contiennent deux bus [14] : un bus à CC pour les sources, les charges à CC et les batteries et un bus à CA pour les générateurs à CA et le système de distribution.

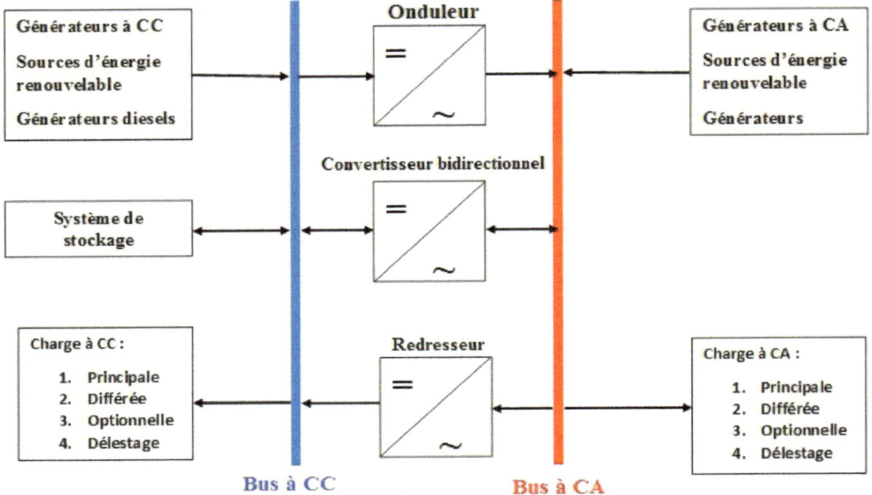

Figure I. 4. Architecture des systèmes hybrides d'énergie [14]

Les sources d'énergies renouvelables peuvent être connectées au bus à CA ou à CC en fonction de la dimension et la configuration du système. L'interconnexion entre les deux bus peut être réalisée par l'intermédiaire de l'électronique de puissance : onduleur/redresseur ou convertisseur bidirectionnels.

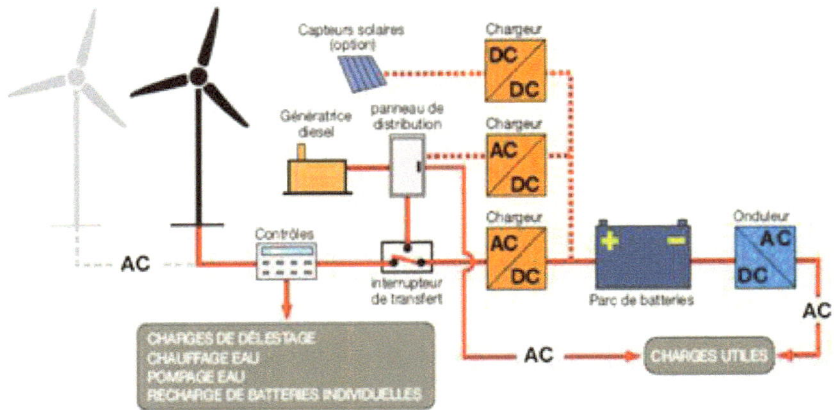

Figure I. 5. Système hybride de type EPVDS (éolien-PV-diesel-stockage) [14].

I.3.3. Principaux composants d'un système d'énergie hybride (SEH)

I.3.3.1. Composants auxiliaires

I.3.3.1.1. Système de supervision

La plupart des systèmes hybrides comportent une certaine forme de commande. Les chargeurs des batteries, par exemple, incluent souvent un système de commande pour empêcher la surcharge des batteries ou que leur état de charge ne baisse trop. Les réseaux multi-diesel peuvent utiliser des méthodes relativement sophistiquées pour gérer les générateurs diesel et régler le flux de puissance.

I.3.3.1.2. Convertisseurs

Dans un SEH, des convertisseurs sont utilisés pour charger des batteries de stockage et pour transformer le CC en CA et vice-versa. Trois types de convertisseurs sont souvent rencontrés dans les SEH : Les redresseurs (CA/CC), Les onduleurs (CC/CA) et Les hacheurs (CC/CC).

I.3.3.1.3. Charges

Les charges électriques rendent utile la puissance électrique. Il existe des charges à caractère résistif et inductif. Les charges résistives incluent les ampoules à incandescence, les chauffe-eau, etc. Les appareils utilisant des machines électriques sont des charges résistives et inductives. Elles sont les principaux consommateurs de puissance réactive. Les charges à CC peuvent avoir aussi des composants inductifs, mais les seuls effets introduits par ceux-ci sont les variations transitoires de tension et courant pendant les changements dans le fonctionnement du système [14].

I.3.4.Architectures des systèmes d'énergies hybrides (SEH)

Les générateurs électriques d'un SEH peuvent être connectés en différentes configurations. Deux configurations s'imposent parmi les systèmes d'énergie hybrides constitués par des sources d'énergie renouvelable, des systèmes de stockage et des générateurs diesels : architectures à bus CC et architecture mixte à bus CC-CA [14]

I.3.4.1.Architecture à bus continu (CC)

Dans cette architecture la puissance fournie par chaque source est centralisée sur un bus continu. Ainsi, les systèmes de conversion d'énergie à courant alternatif (CA) fournissent d'abord leur puissance à un redresseur pour être convertie ensuite en courant continu (CC). Les générateurs sont connectés en série avec l'onduleur pour alimenter les charges alternatives. L'onduleur doit alimenter les charges alternatives à partir du bus continu [12].

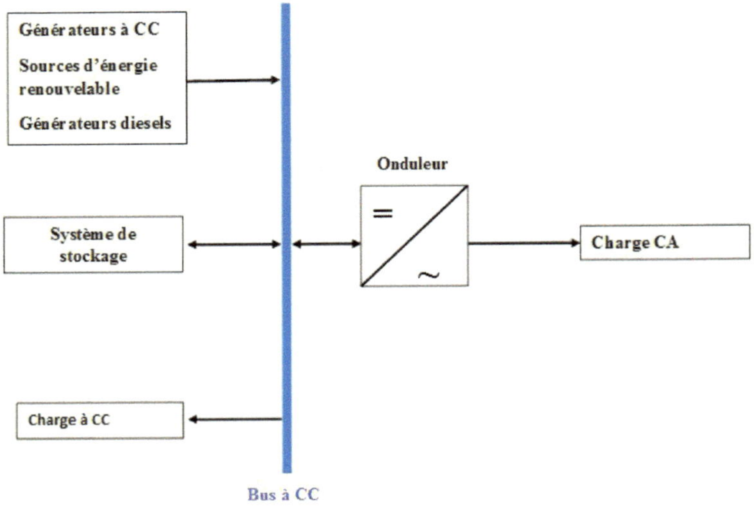

Figure I. 6. Configuration du SEH à bus CC [14].

I.3.4.2. Architecture à bus alternatif (CA)

Dans cette topologie, tous les composants du système hybrides sont reliés à la charge alternative. Cette configuration présente des performances supérieures par rapport à la configuration antérieure, puisque chaque convertisseur peut mettre en phase indépendamment les courants débités. [12].

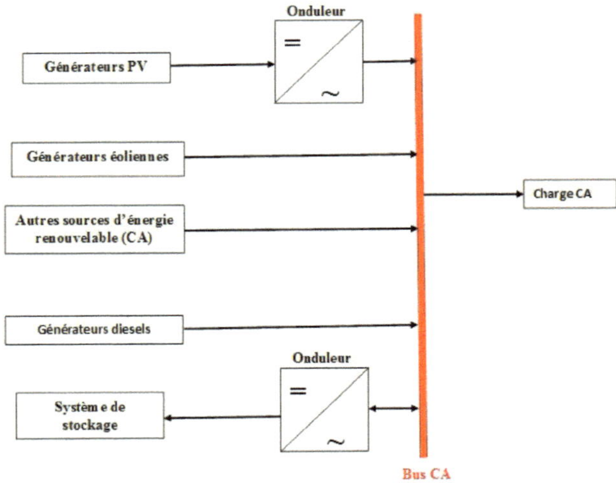

Figure I. 7. Configuration du SEH à CA [14].

I.3.4.3. Architecture mixte à bus continu/Alternatif (CC/CA)

En plus d'un ou plusieurs générateurs diesels (GD) et d'au moins une source d'énergie renouvelable, un SEH peut aussi incorporer un système de distribution à courant alternatif (CA), un système de distribution à courant continu (CC), un système de stockage, des convertisseurs, des charges, des charges de délestage et une option de gestion des charges ou un système de supervision. Toutes ces composantes peuvent être connectées en différentes architectures.

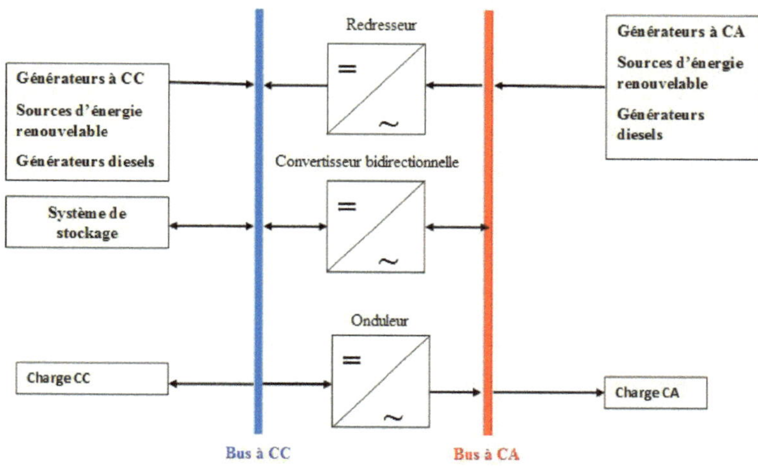

Figure I. 8. Configuration du SHE à deux bus CC et CA [14].

I.3.5. Dimensionnement des systèmes d'énergies hybrides (SEH)

La conception des SEH exige la sélection et le dimensionnement de la combinaison la plus appropriée des sources d'énergie, des convertisseurs et du système de stockage, ainsi que l'implémentation d'une stratégie de fonctionnement efficace [14]. De plus, pour obtenir un taux de pénétration important des sources d'énergie renouvelable, sans la dégradation de la qualité de l'énergie fournie, une étude de dimensionnement du système hybride s'impose [14].

Les logiciels de dimensionnement sont des outils impensables pour l'analyse et la comparaison des différentes combinaisons possibles des sources utilisées dans les SEH. Il existe plusieurs logiciels de dimensionnement et de simulation des SEH. Dans notre cas et pour bien mener nos travaux de recherche dans le cadre de ce mémoire, on a décidé d'utiliser l'outil HOMER.

I.4. SITUATION ÉNERGÉTIQUE AUX COMORES

I.4.1. Caractéristiques géographiques et humaines des Comores

L'archipel des Comores se situe dans l'Océan Indien au nord du canal de Mozambique entre l'Afrique et la côte ouest de Madagascar. Il est constitué de 4 îles d'origine volcanique à savoir : Grande Comore, Anjouan, Mohéli et Mayotte d'où cette dernière reste sous occupation française par la force. Il a une superficie de 2234 km² et d'une population d'environ 875 000 habitants (Mayotte non comptabilisé) selon les recensements faits en 2016 [15].

Figure I. 9. Carte géographique des Comores [15]

I.4.2. Problèmes d'électricité en Union des Comores

Depuis plus d'une vingtaine d'année, les Comores souffrent d'un problème énergétique durable dans tout le territoire national marqué par des coupures fréquentes du courant électrique causées des fois par : des problèmes mécaniques et maintenance au sein de la société, un manque de soutien financier auprès de l'EDA à Anjouan, la MAMWE à la Grande Comore et Mohéli et enfin des problèmes d'ordre social, politique, géographique, économique…etc. [16].

I.4.3. Contexte énergétique des Comores

Jusqu'à ce jour le secteur de l'énergie est placé sous la tutelle de la vice-présidence en charge du Ministère de l'Economie, du Plan, de l'Énergie, de l'Industrie, de l'Artisanat, du Tourisme, des Investissements du Secteur Privé et des Affaires Foncières. Au sein de ce ministère, une Direction Générale est responsable de l'énergie, des Mines et de l'eau. La DGEME est responsable de la tutelle des deux sociétés nationales de production de l'électricité, MA-MWE et EDA [16].

I.4.4. Production énergétique des Comores

La production d'électricité aux Comores est assurée essentiellement à partir des centrales thermiques à Diesel. Depuis le 05 février 2017, des nouvelles centrales électriques sont mises en service par le Gouvernement Comorien. Aux Comores on peut comptabiliser cinq centrales électriques qui sont [16] : La Centrale thermique de Voidjou en Grande Comore (Ngazidja) ; La Centrale d'Itsambouni en Grande Comore (Ngazidja), La Centrale de Fomboni à Mohéli (Mwali), Centrales de Trenani et Lingoni à Anjouan (Ndzouani).

I.4.5. État des lieux sur l'énergie aux Comores

I.4.5.1. Répartition des ressources

D'après les recherches faites récemment au pays, on constate que les énergies fossiles occupent une place très importante par rapport aux autres énergies dites renouvelables.

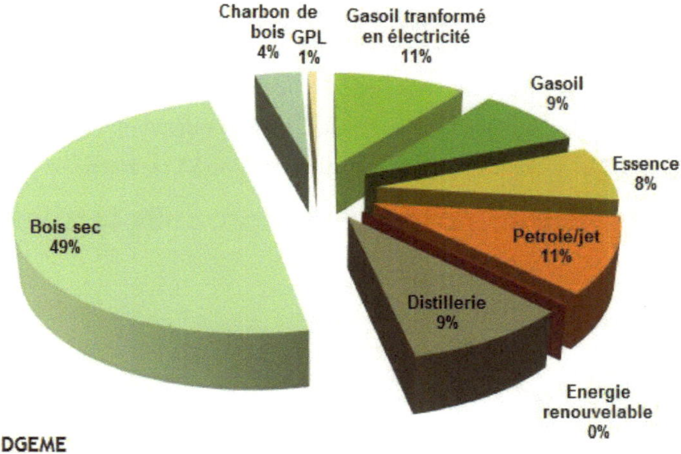

Figure I. 10. Répartition des ressources énergétiques des Comores [16]

I.4.5.2. Produits pétroliers

Tenant compte des données émanant des services de douanes de l'Union des Comores, les différents formes de produits pétroliers utilisés par ces principaux usagers sont le gasoil, l'essence, le jet kérosène et le gaz butane, appelé aussi GPL (Gaz de Pétrole Liquéfié). Les statistiques indiquent une consommation totale de 58900,4tep, durant l'année 2016 [16].

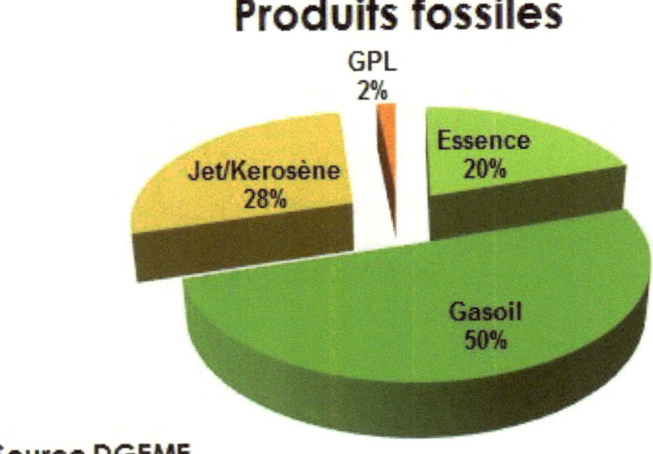

Figure I. 11. : Les différents produits pétroliers [16]

I.4.5.3. Consommation des produits pétroliers

Les produits pétroliers entièrement importés et consommés en Union des Comores correspondent principalement dans [16] : Le secteur des transports (terrestres, aériens et maritimes) soit 57% consommés, à la demande des deux entreprises d'électricité (MAMWE et EDA) soit 28%consommés, l'utilisation domestique soit 15% consommés.

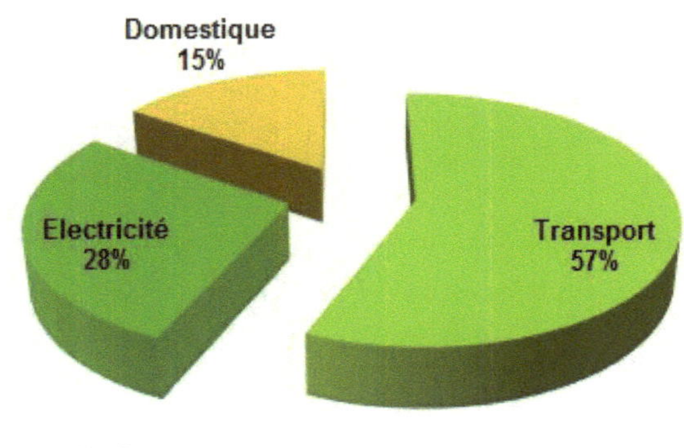

Figure I. 12. Consommation des produits pétroliers [16]

Conclusion

Dans la première partie de ce chapitre, nous avons brièvement présenté le Contexte et la problématique de la consommation énergétique mondiale.

Dans la seconde partie nous avons fait une brève définition et une généralité sur les ENR qui existent. Parmi ces sources renouvelables, l'énergie solaire et l'énergie éolienne ont connu des progrès immenses et deviendront des sources renouvelables prometteuses dans l'avenir. De plus, les technologies actuelles sont connues, fiables et de maintenance relativement facile. C'est donc ces deux technologies avec un générateur diesel que nous avons décidé d'étudier dans ce mémoire de fin d'étude. Notre but est de contribuer au développement et à l'optimisation d'une installation utilisant ces deux sources pour l'électrification d'un site isolé pour la télécommunication.

Dans la troisième partie, nous avons parlé de la structure des systèmes hybrides de génération d'énergie électrique et leur état d'art actuel. Nous avons étalé la définition et les différentes structures des systèmes hybrides de génération d'énergie électrique, où nous avons constaté que l'avantage principal de l'utilisation des sources renouvelables dans la construction d'un SH peut aider à résoudre plusieurs problèmes qui apparaissent au niveau de l'impact de l'utilisation des ressources classiques sur l'environnement et plus précisément comme les émissions des gaz à effet de serre.

Enfin la dernière partie de ce chapitre nous avons parlé de la situation énergétique aux Comores.

MODÈLE MATHÉMATIQUE DES GÉNÉRATEURS À ÉNERGIES RENOUVELABLES

Introduction

Le modèle mathématique consiste à définir une modélisation qui permet de décrire le comportement théorique d'un système quelconque et ses performances dépendent de son aptitude à le faire d'une manière la plus réaliste et la plus précise possible. Ainsi, dans cette étude, l'objectif essentiel du modèle mathématique est de présenter le comportement des sous-systèmes décentralisés sous les différentes conditions météorologiques et de déterminer la puissance produite par chacun de ces systèmes ainsi que le système global. Ainsi tous les sous-systèmes sont traités de manière modulaire pour une plus grande flexibilité [17].

Dans ce qui suit nous présentons les modèles mathématiques des générateurs à énergie renouvelables retenus (solaire et éolienne) en décrivant chacun des éléments du système. À noter que le système qui nous intéresse regroupe quatre sous-systèmes principaux à savoir le générateur photovoltaïque, le générateur éolien, un générateur électrique diesel et le système de stockage (batteries) pour emmagasiner l'excès énergétique lorsqu'il existe et de le restituer lors des périodes de manque d'apport, plus le système de conditionnement de puissance composé des convertisseurs et des régulateurs.

II.1. MODÉLISATION DES GENERATEURS A ENERGIE RENOUVELABLES

II.1.1. Modélisation du générateur PV

II.1.1.1. Système de production et de conversion du générateur PV

Une cellule photovoltaïque est basée sur le phénomène physique appelé effet photovoltaïque qui consiste à établir une force électromotrice lorsque la surface de cette cellule est exposée à la lumière. La tension générée peut varier entre 0.3 V et 0.7 V en fonction du matériau utilisé et de sa disposition ainsi que de la température de la cellule et du vieillissement de la cellule [17]. La figure suivant illustre une cellule PV typique où sa constitution est détaillée.

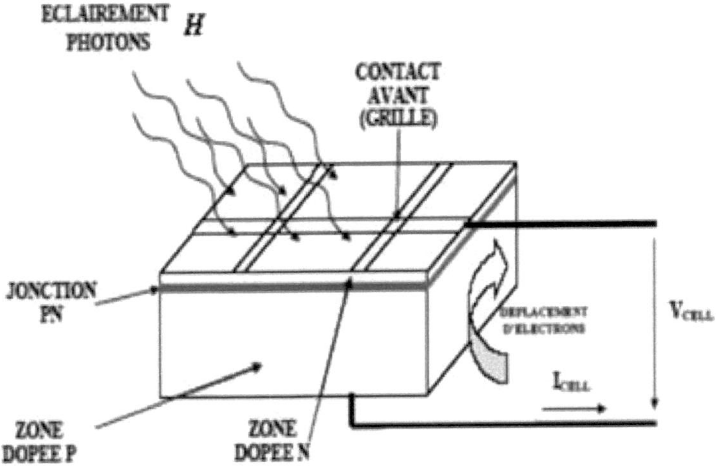

Figure II. 1. Description d'une photopile ou cellule photovoltaïque [18].

II.1.1.2. Modélisation d'une cellule et d'un module (panneau) PV

II.1.1.3. Modélisation d'une cellule PV

HOMER utilise l'équation suivante pour calculer la puissance de sortie de la matrice PV:

$$P_{PV} = Y_{PV} f_{PV} \left(\frac{\bar{G}_T}{\bar{G}_{T,STC}}\right) [1 + \alpha_P (T_C - T_{C,STC})] \qquad \text{(II.1)}$$

Où :

Y_{PV} : capacité nominale du générateur PV [kW],

f_{PV} : Facteur de déclassement PV [%],

$\bar{G}_T$: Rayonnement solaire incident sur le générateur PV [kW/m^2],

$\bar{G}_{T,STC}$: Rayonnement incident aux conditions d'essai standard [1kW/m^2],

α_P:Coefficient de température de la puissance [%/°C],

T_C: Température de la cellule PV [°C],

$T_{C,STC}$: Température de la cellule PV dans des conditions d'essai standard [25°C],

$$P_{PV} = Y_{PV} f_{PV} \left(\frac{\bar{G}_T}{\bar{G}_{T,STC}}\right) \qquad \text{(II.2)}$$

Il faut savoir que le schéma équivalent d'une cellule photovoltaïque comprend un générateur de courant qui modélise l'éclairement et une diode en parallèle qui modélise la jonction PN, mais le schéma équivalent réel tient compte de l'effet résistif parasite dû à la fabrication, il est représenté sur le schéma équivalent par deux résistances Figure II.2.

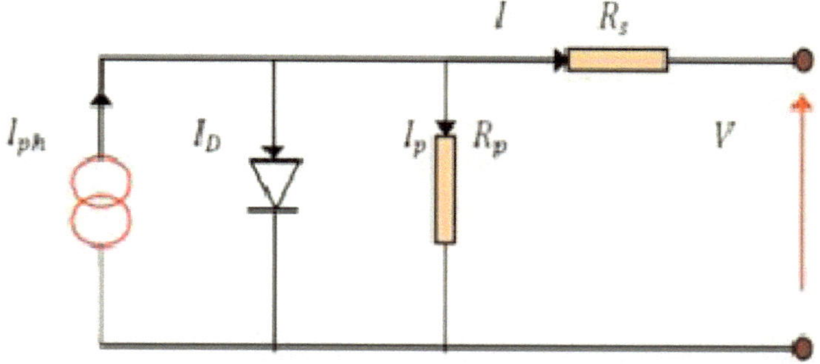

Figure II. 2. Schéma électrique équivalent d'une cellule solaire

Dans la figure II.2 la source de courant génère un courant Iph proportionnel à l'éclairement H [w/m[2]]. La résistance shunt R_p caractérise le courant de fuite au niveau de la jonction et la résistance R_s représente les diverses résistances de contact et de connexion. Le courant I fourni par la cellule est la différence entre le courant I_{ph} et le courant de la diode I_D.

$$I = I_{ph} - I_D - I_p \qquad \text{(II.3)}$$

$$I = I_{ph} - I_D = I_{ph} - I_0\left(exp\frac{e(V+R_sI)}{mkT_c} - 1\right) - \frac{V+R_sI}{R_p} \qquad \text{(II.4)}$$

Où :

I_o : le courant de saturation de la jonction non éclairée ;

I_c : le courant de la cellule ;

e : la charge de l'électron (1.6 10-19 C);

K : constante de Boltzmann (1.38 10-23 J/K);

T_c : température de jonction de la cellule photovoltaïque ;

m : facteur d'idéalité de la jonction ;

V : la tension aux bornes de la cellule ;

R_s : résistance série ;

R_p : résistance shunt.

$$I_0\left(exp\frac{e(V+R_sI)}{mkT_c} - 1\right)$$

$$I_0 = exp\left(\frac{-E_g}{kT_c}\right).$$

$V_T = \frac{k.T_c}{e}$: La tension thermique.

Où :

E_g est l'énergie de la bande interdite pour un matériau semi-conducteur donné, Eg est presque constante et I_0 est donc une fonction de la température. Idéalement, on peut négliger R_s et I devant V, puis travailler avec un modèle simplifié :

$$I = I_{ph} - I_D = I_{ph} - I_0\left(exp\left(\frac{e.V}{m.k.T_c}\right) - 1\right) - \frac{V}{R_p} \qquad \text{(II.5)}$$

II.1.1.4. Modélisation du Module (panneau) PV

Pour réaliser cette modélisation, nous avons choisi le modèle photovoltaïque BP SX 150 de chez BP Solaire. La série SX de BP Solaire [19] fournit une puissance photovoltaïque rentable destinée à un usage général par exploitation directe de charges courant continu, ou de charges courant alternatif sur les systèmes munis d'onduleur. Le module est composé de 72 cellules solaires multi cristallines en silicone connectées en série pour produire une puissance maximale de 150 W.

Plusieurs modèles mathématiques sont utilisés pour simuler le fonctionnement d'un générateur photovoltaïque. Ces modèles se différencient par la méthode de calcul et le nombre des paramètres intervenants dans la caractéristique courant - tension. Dans notre cas, nous avons choisi un modèle simple nécessitant que les paramètres donnés par le fabriquant, la caractéristique I-V de ce modèle est illustrée ci-dessous [20] :

$$I = I_{ph} - I_0\left(exp\left(\frac{V+I.R_S}{mV_T}\right) - 1\right) - \frac{V+I.R_S}{R_p} \qquad \text{(II.6)}$$

Où I_D le courant de diode est donné par l'équation :

$$I_D = I_0\left(exp\left(\frac{V+I.R_S}{mV_T}\right) - 1\right) \qquad \text{(II.7)}$$

Le courant de saturation inverse d'une diode est donné par :

$$I_0 = I_{sc}/\left(exp\left(\frac{V+I.R_S}{mV_T}\right) - 1\right) \qquad \text{(II.8)}$$

Si l'on suppose que la résistance parallèle est infinie ($Rp = \infty$) l'équation (II.6)

Devienne :

$$I = I_{sc} - I_0\left(exp\left(\frac{V+I.R_S}{mV_T}\right) - 1\right) \qquad \text{(II.9)}$$

Avec :

I : Le courant fourni par la cellule.

V : La tension aux bornes de la cellule.

$$I = I_{sc} - I_0\left(\exp\left(\frac{V+I.R_s}{mV_T}\right) - 1\right) \tag{II.10}$$

Calcule de la résistance série dans le point V_{oc} :

$$dI = 0 - I_0.\left(\frac{dV+dI.R_s}{mV_T}\right).\left(\exp\left(\frac{V+I.R_s}{mV_T}\right)\right) \tag{II.11}$$

La résistance série influe largement sur la pente de la courbe des caractéristique I-V au Voisinage de V_{oc}. Elle peut être calculée par la formule suivante :

$$R_s = -\frac{dV}{dI} - \frac{mV_T}{I_0\left(exp\,(\frac{V+I.R_S}{mV_T})\right)} \tag{II.12}$$

$$R_s = -\frac{dV}{dI} - \frac{mV_T}{I_0\left(exp\,(\frac{V_{oc}+I.R_S}{mV_T})\right)} \tag{II.13}$$

Enfin, pour résoudre l'équation de caractéristique non linéaire, on utilise la méthode de Newton décrite par :

$$x_{n+1} = x_n - \frac{f(x_n)}{f'(x_n)} \tag{II.14}$$

Où :

$f'(x_n)$: La derivée de la fonction $f(x_n)$

x_n : La présente itération

x_{n+1} : L'itération suivante

Ainsi, on récrit l'équation(II.9) sous la forme suivante :

$$f(I) = I_{sc} - I - I_0\left(exp\left(\frac{V+I.R_s}{mV_T}\right) - 1\right) = 0 \tag{II.15}$$

En remplaçant dans l'équation (II.14), on calcule le courant I par les itérations [21] :

$$x_{n+1} = I_n - \frac{I_{sc}-I_n-I_0\left(exp\left(\frac{V+I_n.R_S}{mV_T}\right)-1\right)}{-1-I_0.(\frac{R_S}{mV_T})\left(exp\left(\frac{V+I_n.R_S}{mV_T}\right)\right)} \tag{II.16}$$

Les équations précédentes ne sont valables que pour un mode de fonctionnement optimal. Pour généraliser notre calcul pour différentes éclairements et températures, nous utilisons le modèle qui déplace la courbe de référence à de nouveaux emplacements.

$$I_{sc} = I_{scr}(T_{ref}).[1 + a(T - T_{ref})] \quad \text{(II.17)}$$

$$I_{sc} = I_{scr}\left(\frac{H}{1000}\right) \quad \text{(II.18)}$$

Où I_{csr} le courant de court-circuit de référence.

$$I_0(T) = I_0(T_{ref}).\left[\frac{T}{T_{ref}}\right]^{\frac{3}{m}}.\left[exp\left(\frac{-e.E_g}{mk}\right).\left(\frac{1}{T} - \frac{1}{T_{ref}}\right)\right] \quad \text{(II.19)}$$

Où :

a : Le coefficient de variation du courant en fonction de la température.

T_{ref} : La température de référence, 298k (25°C).

H : L'irradiation solaire globale.

II.1.1.4.1. Influence de la température sur le rendement des cellules

L'influence de la température est importante et à des conséquences sur la conception des panneaux et des systèmes photovoltaïques. La température est un paramètre essentiel puisque les cellules sont exposées aux rayonnements solaires, susceptibles de les échauffer. De plus, une partie du rayonnement absorbé n'est pas convertie en énergie électrique : elle se dissipe sous forme de chaleur ; c'est pourquoi la température de la cellule (Tc) est toujours plus élevée que la température ambiante (Ta).

$$\boldsymbol{T_c} = \boldsymbol{T_a} + H_{in}.\left(\frac{NOCT-20}{800}\right) \quad \text{(II.20)}$$

Avec :

$\boldsymbol{T_a}$: La température ambiante (°C) ;

H_{in}: L'irradiation solaire sur le plan incliné (w/m^2).

NOCT : est la température de fonctionnement de la cellule qui est définie comme la température de la cellule lorsque le module fonctionne sous les conditions suivantes :

- Irradiation Solaire : 800 W/m^2
- Distribution Spectrale: AM1.5
- Température Ambiante : 20 °C
- Vitesse du vent : > 1 m/s

Le graphe de la figure II.3, montre que la tension d'une cellule baisse fortement avec la température. Plus la température augmente et moins la cellule est performante. En revanche, le courant augmente légèrement en intensité ; cette augmentation reste néanmoins négligeable au point de puissance maximale.

Il faut savoir que la base des cellules photovoltaïques est une jonction PN. Ceci nous laisse envisager que son rendement variera selon la température de la jonction. En effet, l'équation de Boltzmann donne :

$$I_{sc} = I_0 . \exp - \left(\frac{eV_{oc}}{kT} \right) \qquad \text{(II.21)}$$

La figure ci-après montre que la tension à vide d'une cellule solaire diminue avec l'augmentation de la température de la cellule. L'ordre de grandeur des pertes est de 2.3 mV / par degré Celsius / par cellule. Le courant de court-circuit, par contre, augmente légèrement avec la température de la cellule (environ 0.05 % par degré Celsius). La figure ci-dessous montre clairement la baisse du rendement causée par l'augmentation de la chaleur sur la cellule.

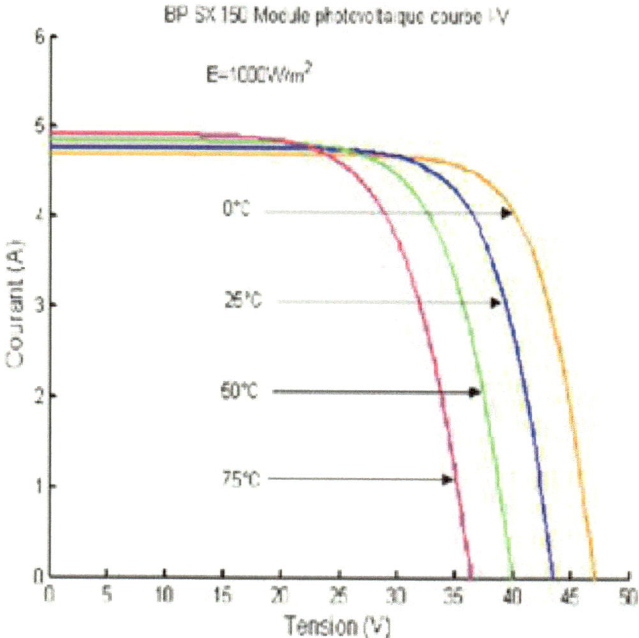

Figure II. 3. Effet de la température sur la caractéristique I-V

On peut remarquer sur la figure II.4 que l'augmentation de la température se traduit aussi par une diminution de la puissance maximale disponible (de l'ordre de ($5x10^{-5}$ w/k) par cm^2 de la cellule) [21].

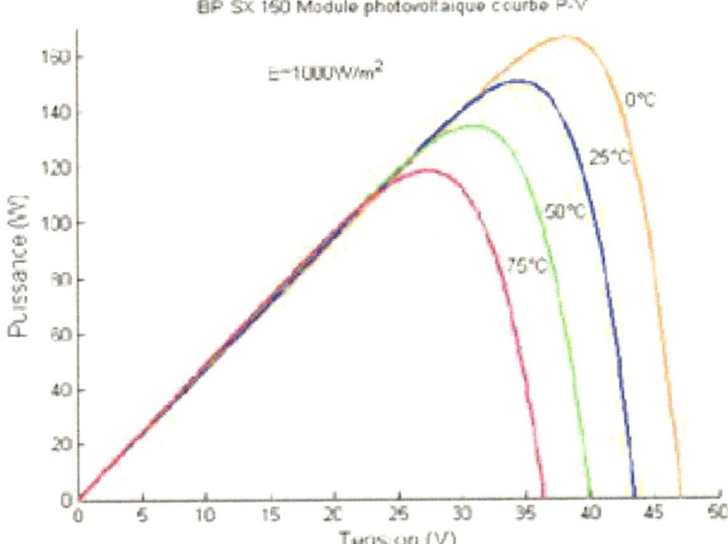

Figure II. 4. Effet de la température sur la caractéristique P-V

II.1.1.4.2. Influence du rayonnement sur les cellules

L'énergie électrique produite par une cellule dépend de l'éclairement qu'elle reçoit sur sa surface. Les équations précédentes ne sont valables que pour un mode de fonctionnement optimal. Pour généraliser notre calcul pour différentes éclairements et températures, nous utilisons le modèle qui déplace la courbe de référence à de nouveaux emplacements.

$$\boldsymbol{I_{sc}} = I_{scr} \cdot \left(\frac{H}{1000}\right) \qquad \text{(II.22)}$$

Où :

I_{scr}: Le courant de court-circuit de référence ;

H: L'irradiation solaire globale.

De la même manière que la température, la jonction PN réagit différemment selon l'énergie qu'elle reçoit. Plus elle reçoit d'énergie plus elle en restitue, mais toujours avec un coefficient de rendement très faible de l'ordre de 15%. La variation des caractéristiques est représentée sur les courbes de la Figure II.5. Nous pouvons le voir aussi sur la Figure II.6. Selon les conditions météorologiques, nous obtenons différentes courbes avec différentes puissances maximales au cours d'une même journée.

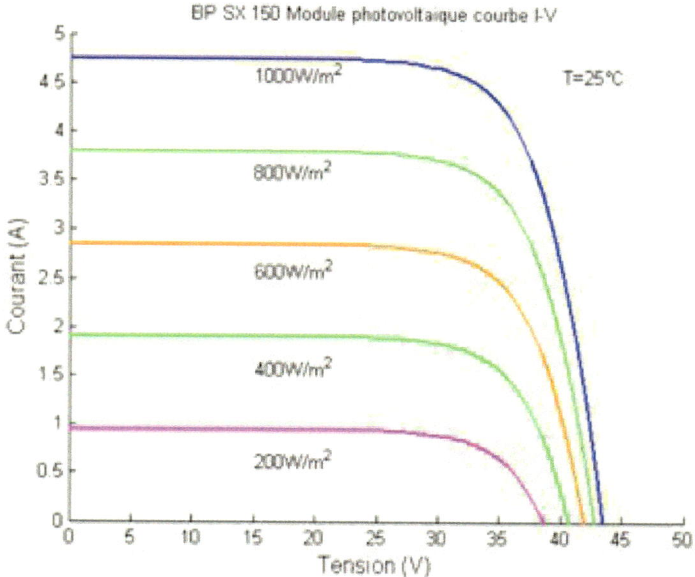

Figure II. 5. Effet de l'éclairement sur la caractéristique I-V

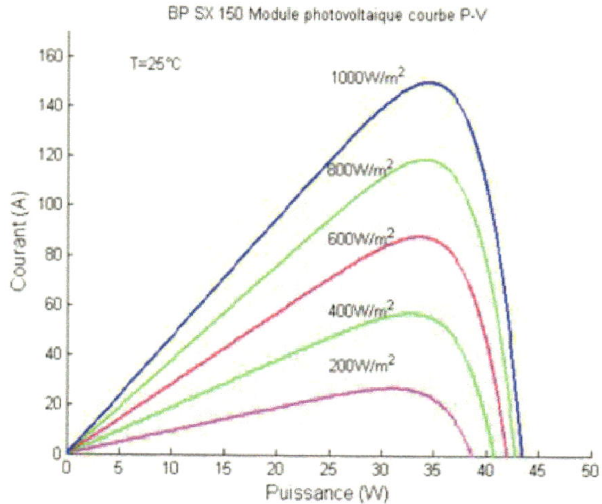

Figure II. 6. Effet de l'éclairement sur la caractéristique P-V

II.1.1.6.1. Principe de la recherche du point de puissance maximale (MPPT)

II.1.1.6.1.1. Définition

Un MPPT, de l'anglais Maximum Power Point Tracker, est une commande associée à un étage d'adaptation permettant de faire fonctionner un générateur électrique non linéaire de façon à produire en permanence le maximum de sa puissance. Les systèmes MPPT sont généralement associés avec les générateurs photovoltaïques ou encore avec les générateurs éoliens [24]. Un générateur photovoltaïque est un générateur, dont la caractéristique $I = f(U)$ est fortement non linéaire. Un contrôleur MPPT permet alors de piloter le convertisseur statique reliant la charge (une batterie par exemple) et le panneau photovoltaïque de manière à fournir en permanence le maximum de puissance à la charge.

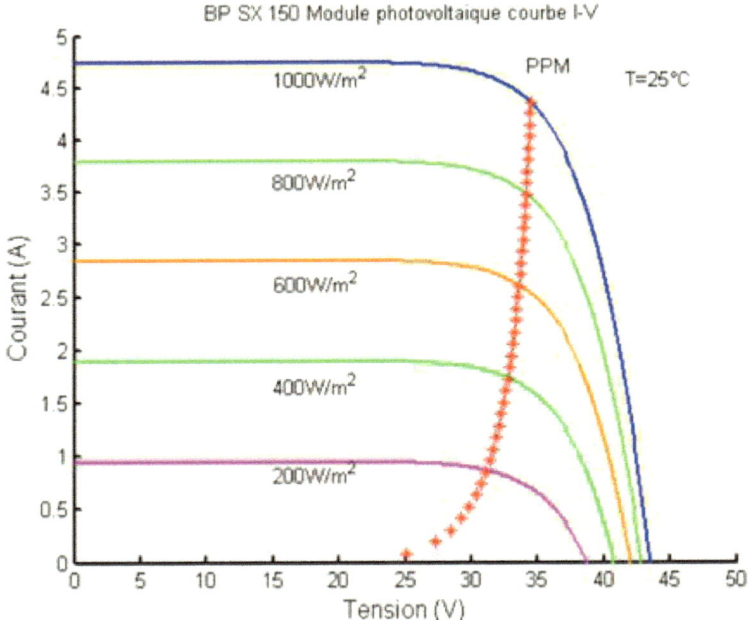

Figure II. 7 La caractéristique I-V et la trajectoire de PPM

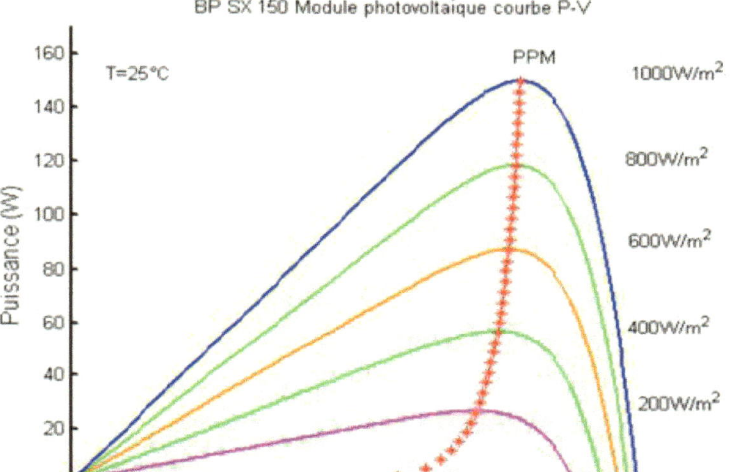

Figure II. 8. La caractéristique P-V et la trajectoire de PPM.

II.1.2. Modélisation du générateur éolien

II.1.2.1. Historique de l'éolien

Parmi toutes les énergies renouvelables, à part l'énergie du bois, c'est l'énergie du vent qui a été exploitée en premier par l'homme. Depuis l'antiquité, elle fut utilisée pour la propulsion des navires et ensuite les moulins à blé et les constructions permettant le pompage d'eau. Les premières utilisations connues de l'énergie éolienne remontent à 2 000 ans avant J.C environ [25].

II.1.2.2. Généralités sur les systèmes éoliens

L'énergie éolienne est une énergie renouvelable non dégradée, géographiquement diffuse, et surtout en corrélation saisonnière. De plus, c'est une énergie qui ne produit aucun rejet atmosphérique ni déchet radioactif. Elle est toutefois aléatoire dans le temps et son captage reste assez complexe, nécessitant des mâts et des pales de grandes dimensions [26].

En général un système éolien ou bien un aérogénérateur est défini comme un système composé de plusieurs éléments aptes à transformer les variations de la densité et de la pression de l'air comme étant fluide en mouvement en énergie mécanique puis en énergie électrique [27].

II.1.2.3. Caractéristiques des éoliennes

On classe les éoliennes suivant la disposition géométrique de l'arbre sur lequel est montée l'hélice. Il existe principalement deux types de turbines éoliennes [25] :

- Éolienne à axe horizontal ;
- Éolienne à axe vertical.

II.1.2.3.1. Éolienne à axe horizontal

Les éoliennes à axe horizontal sont basées sur la technologie ancestrale des moulins à vent. Elles sont constituées de plusieurs pales profilées aérodynamiquement à la manière des ailes d'avion. On peut distinguer des éoliennes dont l'hélice est en amont par rapport au vent, « hélice au vent », et ceux dont l'hélice est en aval par rapport au vent, « hélice sous le vent ».

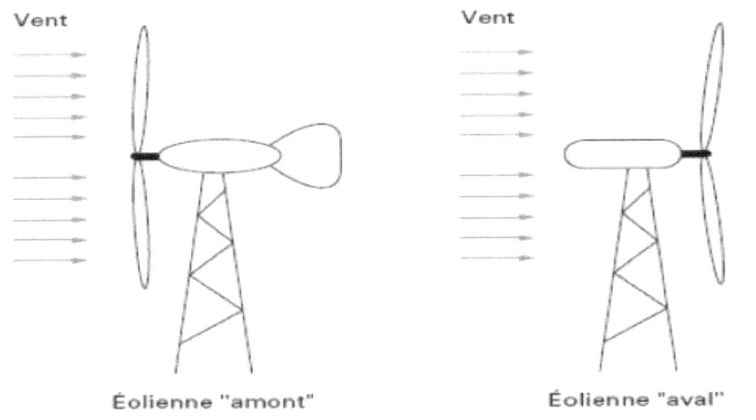

Figure II. 9. Configuration à axe horizontal [28]

II.1.2.3.2. Éolienne à axe vertical

Elles présentent certains avantages : machineries au sol, pas besoin d'orientation en fonction de la direction du vent, construction souvent simple. Elles tournent à faible vitesse (à l'ordre de 2 m/s) et sont de ce fait peu bruyantes. Elles présentent par contre des difficultés pour leur guidage mécanique, le palier bas devant supporter le poids de l'ensemble de la turbine [25]. Il existe principalement trois technologies de ce type d'éoliennes [25] :

- Turbines Darrieus classiques ;
- Turbines Darrieus à pales droites (type-H) ;
- Turbines Savonius.

Éolienne de type Darrieus.

Éolienne de type Savonius.

Figure II. 10. Éolienne de type Darrieus et Savonius [28]

II.1.2.4. Système de production d'électricité éolienne

Un système de production d'électricité éolienne, quel que soit sa technologie, convertit l'énergie cinétique du vent en énergie électrique fournie à la charge ou au réseau. Cette conversion se fait en deux étapes :

- la conversion de l'énergie cinétique en énergie mécanique au niveau de la turbine,
- la conversion de l'énergie mécanique en énergie électrique au niveau du générateur.

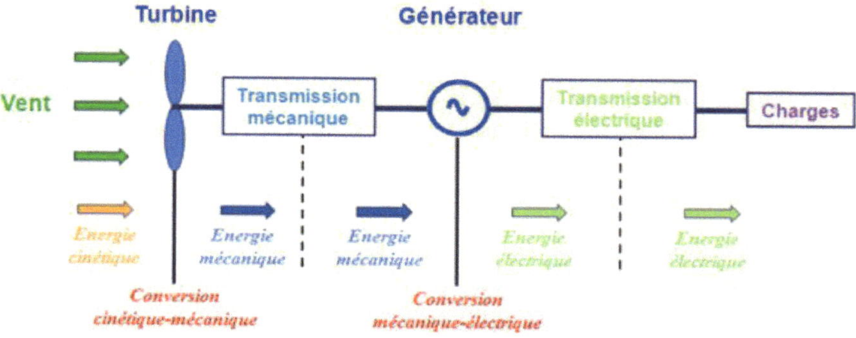

Figure II. 11. Principe de la conversion d'énergie d'une éolienne.

II.1.2.4.1. Principaux composants d'un système éolien

On s'intéressera dans ce qui suit qu'aux éoliennes à axe horizontal. Une éolienne "Classique" est généralement constituée de quatre éléments principaux [29] :

II.1.2.4.1.1. La turbine

La turbine représente l'outil principal pour la conversion de l'énergie cinétique du vent en énergie mécanique. Elle est constituée de :

- La Mat ;
- La Nacelle ;
- Le Rotor.

II.1.2.4.1.2. Le système électromécanique

Il se trouve dans la nacelle, un outil de transformation d'énergie mécanique transmise par la turbine en énergie électrique, il regroupe une génératrice électrique avec ses détails, plus le système de commande en cas de besoin, avec les outils d'électronique de puissance.

II.1.2.4.1.3. Le système d'interconnexion

C'est le système qui nous permet de voir la relation entre le système producteur de l'énergie électrique et les consommateurs d'électricité. C'est un système simple il contient des câbles en cas d'une énergie mécanique stable, ou bien il sera composé par des redresseurs et des onduleurs en cas d'énergie mécanique instable.

II.1.2.4.1.4. Le système de contrôle

Utile pour les éoliens d'une grande puissance, il comporte un dispositif qui surveille en permanence l'état de l'éolienne tout en contrôlant le dispositif d'orientation et essaye aussi de la mettre fonctionner à des puissances maximales. En cas de défaillance le système arrête automatiquement l'éolienne [30].

II.1.2.5. Puissance énergétique d'une éolienne

Compte tenu des nécessités de conversion de l'énergie cinétique due au vent en énergie mécanique (mouvement de rotation de l'éolienne) l'énergie disponible (potentiel) subit une suite de pertes en cascades, jusqu'à la sortie machine, (limite de Betz, seuils machine et pertes de conversion). En effet, seule une partie de la puissance éolienne disponible sur un site donné, appelée puissance utile est réellement obtenue en fin de processus, soit à la sortie de l'éolienne [31].

II.1.2.6. Puissance énergétique disponible

L'énergie cinétique moyenne, disponible sur un site donné, par unité de temps et par unité de surface, due à la vitesse du vent, s'écrit :

$$< P > = \frac{1}{2} \rho A < V^3 > \qquad \text{(II.23)}$$

Avec:

A: la surface traversée par le vent (m^2);

ρ: la densité de l'air (= 1.225kg/m^3) ;

V: la vitesse du vent (m/s).

II.1.2.7. Potentiel énergétique éolien (théorème de Betz)

L'énergie cinétique disponible est convertie en énergie mécanique en utilisant une machine à aubes (où pâles) dite communément éolienne. La vitesse du vent en aval de la roue n'étant jamais nulle, ceci implique que la puissance éolienne disponible n'est pas entièrement récupérée au niveau de l'hélice [31]. Soit une masse d'air traversant un disque de surface $\boldsymbol{A(\pi R^2)}$, à une vitesse V et soient V_1 et V_2 les vitesses respectives en amont et en aval de la surface, (Voir figure II.18).

L'équation de conservation de la quantité de mouvement permet d'écrire que la force qui s'exerce sur le disque est égale à la variation de la quantité de mouvement, soit :

$$F = \rho.V.A(V_1 - V_2) \quad \text{(II.24)}$$

En appliquant l'équation qui définit l'énergie, comme étant le produit d'une force par la vitesse, il vient :

$$P = FV = \rho V^2.A(V_1 - V_2) \quad \text{(II.25)}$$

Comme par ailleurs, la variation d'énergie cinétique donne :

$$P = FV = \rho VA(V_1^2 - V_2^2) \quad \text{(II.26)}$$

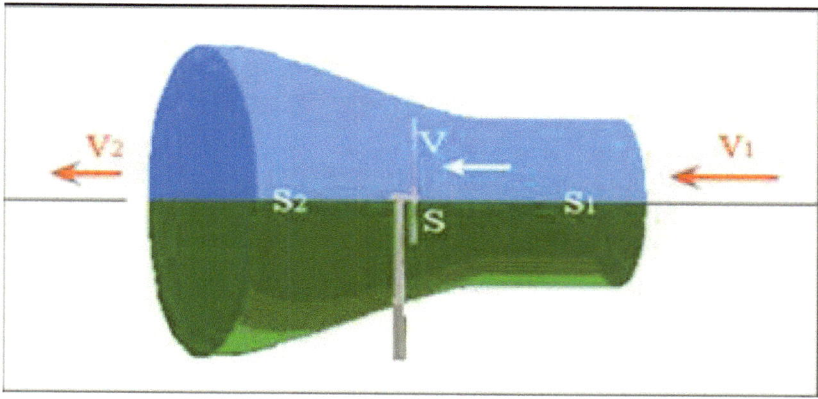

Figure II. 12. Bilan sur une section de l'hélice

Par identification, il vient :

$$V = \frac{V_1+V_2}{2} \quad \text{(II.27)}$$

En remplaçant V dans l'équation précédente, on obtient :

$$P = \frac{1}{2}\rho A(V_1^2 - V_2^2)(\frac{V_1+V_2}{2}) \quad \text{(II.28)}$$

Supposant que V_1 est constante le maximum récupéré par la roue est obtenu pour :

$$\frac{\partial P}{\partial V_2} = 0$$

L'équation trouvée admet deux racines : la première est $V_2 = -V_1$, elle n'a pas de sens physique et la deuxième est $V_2 = \frac{V_1}{3}$ qui correspond à un maximum de la puissance. En remplaçant dans l'équation d'avant précèdent, la puissance maximale qui peut être extraite par une roue est égale à :

$$P_{max} = \frac{8}{27}\rho S V_1^3 = 0.37\rho S V_1^3 \quad \text{(II.29)}$$

Cette limite (environ 0.59) est appelée ***''limite de Betz''***.

II.1.2.8. Puissance éolienne moyenne utilisable

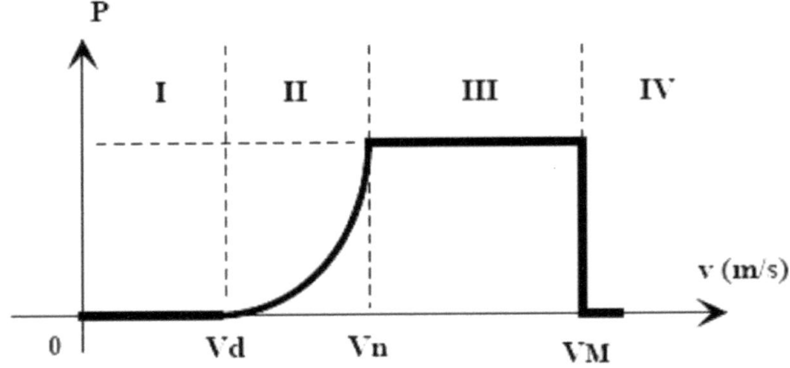

Figure II. 13. Diagramme de la puissance utile sur l'arbre.

- Zone **I**, où **P** = 0 (la turbine ne fonctionne pas) ;
- Zone **II**, dans laquelle la puissance fournie sur l'arbre dépend de la vitesse du vent V ;
- Zone **III**, où la vitesse de rotation est maintenue constante et où la puissance P fournie reste égale à P_n ;
- Zone **IV**, dans laquelle le système de sûreté de fonctionnement arrête le transfert de l'énergie.

Étant donné que la vitesse du vent est variable et que chaque machine éolienne est caractérisée par la vitesse de démarrage V_d, une vitesse nominale V_n et une vitesse d'arrêt V_s spécifiques, la puissance éolienne utilisable est donnée par :

$$< P_u >= \frac{1}{2}\rho A < V_u^3 > \qquad \text{(II.30)}$$

La vitesse V_u est déduite de la courbe représentative de la distribution de Weibull entre les limites de la machine [31]. La limite inférieure est représentée par la vitesse de démarrage. En second lieu, lorsque la vitesse nominale V_n est atteinte, l'augmentation de la vitesse de vent n'a aucun effet sur le régime de la roue. Enfin, lorsque la vitesse d'arrêt V_s est atteinte, le système est stoppé.

La densité de puissance utilisable est donnée par :

$$< P_u > = \begin{cases} 0 & pour\ V < V_d \\ \frac{1}{2}\rho < V^3 > & pour\ V_d < V < V_n \\ \frac{1}{2}\rho < V_n^3 > & pour\ V_n < V < V_m \\ 0 & pour\ V \geq V_m \end{cases} \qquad \text{(II.31)}$$

Où :

V_d : la vitesse d'amorçage de l'éolienne ;

V_n : la vitesse nominale ;

V_M : la vitesse d'arrêt.

Dans notre étude, nous avons choisi une éolien (BWC Excel-R) de puissance nominale 1kW CC ou DC.

Conclusion

Dans ce chapitre, nous avons présenté les principales caractéristiques et les technologiques des éléments constitutifs d'un générateur PV. Nous avons également montré comment nous pourrions optimiser la puissance fournie par le GPV par le biais d'un étage d'adaptation avec fonction de recherche du point de puissance maximale MPPT.

Du coté éolien, nous avons pu montrer ses caractéristiques, son mode de fonctionnement ainsi que ses différents types et technologies qui se trouve dans le marché.

DIMENSIONNEMENT D'UN SYSTÈME ÉNERGÉTIQUE POUR L'ALIMENTATION ÉLÉCTRIQUE DES PYLONES DE TÉLÉCOMMUNICATION

Introduction

L'installation des réseaux de télécommunications impose une alimentation électrique permanente et sans interruption et des moyens de câblage très couteux. Certaines régions déshéritées par manque de moyens de communications, avec une faible densité de la population difficilement accessible, espèrent un jour communiquer avec le monde extérieur, afin de permettre aux exploitants de faire face à des contraintes très variées lors d'évènement d'exception.

L'étude effectuée sur les différentes ressources énergétiques renouvelables, dans le cas de cette application, au premier chapitre, nous conduit à proposer deux ressources énergétiques renouvelables inépuisables, abondantes et rentables, lesquelles permettent une alimentation électrique des postes radiotéléphoniques sans aucune contrainte. Ces ressources renouvelables sont : l'énergie éolienne et l'énergie solaires photovoltaïque. Les valeurs estimées et recueillies relatives à l'irradiation solaire sont prises à la latitude et la longitude du lieu. Dans notre cas, les coordonnées géographiques du site sont les suivants :

- Latitude : 11° 43' Sud ;
- Longitude : 43° 14' Est.

Notre étude porte sur le choix judicieux entre ces deux ressources, utilisées soit individuellement, soit de façon mixte, et soit combiné, pour ce cas d'alimentation énergétique, et cela pour des différentes zones des Comores. Elle porte également sur la possibilité réelle à contrôler à distance, à temps réel et de façon automatique le fonctionnement de notre installation, ce qui va rendre notre installation plus optimale.

III.1. CHOIX DU SITE À ÉTUDIER

Le choix du site dépend de la connaissance des principales caractéristiques, de toute nature, provenant de ces deux ressources énergétiques renouvelables, à savoir : le gisement solaire et le gisement éolien. Les Comores disposent d'un important gisement solaire sur la quasi-totalité du territoire national. Seulement l'ile de la Grande Comore et celle de Mohéli possèdent les gisements solaires les plus importants des autres iles de l'archipel.

Le plus important dans ce choix de ce site est de considérer que les systèmes de télécommunication et de téléphonie sont destinés à être installés, sans ambigüité, dans des régions isolées ou rurales. C'est pour cette raison que le choix s'est porté sur la Grande Comore car, cette dernière est celle de l'archipel qui possède le maximum de gisement solaire et éolien.

III.1.1. Présentation du modèle

D'après les paragraphes précédents, nous avons choisi d'étudier un système hybride PV/Éolien/GE/Stockage pour notre site. Ce système est destiné à l'alimentation électrique des équipements de télécommunications dont les caractéristiques sont données précédemment. Dans l'étude de modélisation du système d'alimentation pour notre site, nous aurons à synthétiser des données d'irradiation solaire globale et des données concernant le gisement éolien. La tension fréquemment utilisée par les systèmes de télécommunications est continue. Elle peut être extraite d'un panneau solaire photovoltaïque, d'une turbine éolienne ou par le biais d'un générateur diesel de courant alternatif redressé en courant et tension continue par un redresseur c'est-à-dire 220 V/6 V,12V,24V ou 48V, etc.

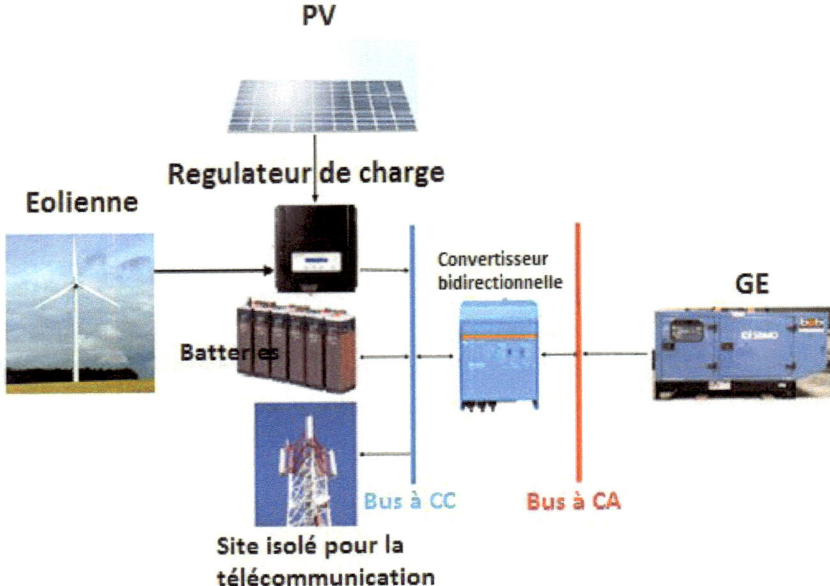

Figure III. 1. Modèle schématique du système autonome pour la télécommunication

III.1.2. Choix du paramètre du modèle

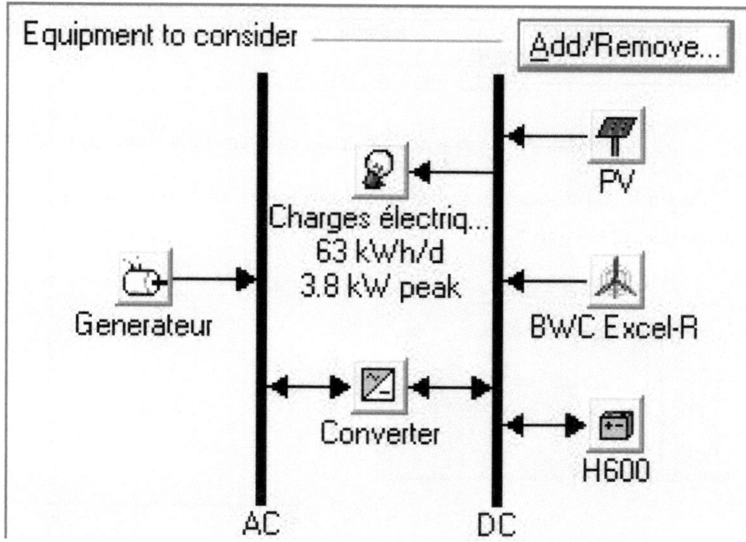

Figure III. 2. Modèle schématique du système sur HOMER

Les paramètres du modèle représentent les valeurs relatives aux caractéristiques de chacun des systèmes de la figure III.2.

III.1.3. Choix des équipements électriques à alimenter

Les équipements à alimenter en énergie électrique d'origine renouvelable sont des équipements de télécommunication de type professionnel, où les communications sont à accès sans fils ou à accès hertzien.

Cette technique d'accès sans fils est l'application des techniques de téléphonie et des systèmes de télécommunications personnelles qui connait une croissance considérable, en particulier dans les pays en développement. Elle permet d'utiliser essentiellement un système radioélectrique à accès multiple.

III.2. LA CHARGE À ALIMENTER

On choisira, par le biais du logiciel HOMER, un modèle de la charge considérée comme un échantillon du système de télécommunication, dont les principales caractéristiques sont regroupées dans le tableau III.1.

Type de besoins	Libellé	Puissance	Consommation journalière
Site de télécommunication	Système de Telecom	2.63 kW	63 kWh/j

Tableau III. 1. Caractéristiques des équipements à alimenter

Le profil de consommation électrique moyenne annuelle du site donné par le logiciel, est illustré par la Figure III.3.

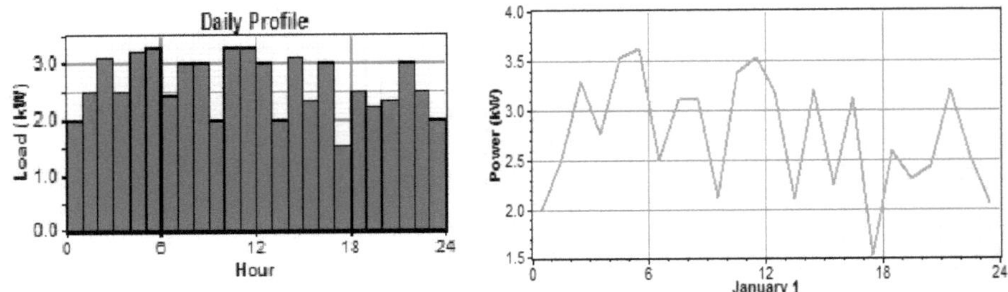

Figure III. 3. Évolution journalière du profil charge du site

Sur la figure III.3, on observe une évolution du profil de charge pendant 24 heures c'est à dire durant une journée. Mais aussi son profil de charge durant le premier du mois de janvier. Dans ce cas on constate un pic d'ordre de 3,6 kW à 6 heures du matin.

III.2.1. Le système de générateur éolien

III.2.1.1. Source d'énergie éolienne

Sur le tableau III.2, sont représentées les données concernant la vitesse du vent dont sa valeur moyenne donné par 'HOMER' est de 5 m/s.

Mois	Vitesse (m/s)
Janvier	3.7
Février	3.9
Mars	3.5
Avril	4.7
Mai	5.8
Juin	6
Juillet	6.3
Août	5.9
Septembre	5.4
Octobre	4.8
Novembre	4.2
Décembre	4.8

Tableau III. 2. Valeurs mensuelles de la vitesse du vent du site

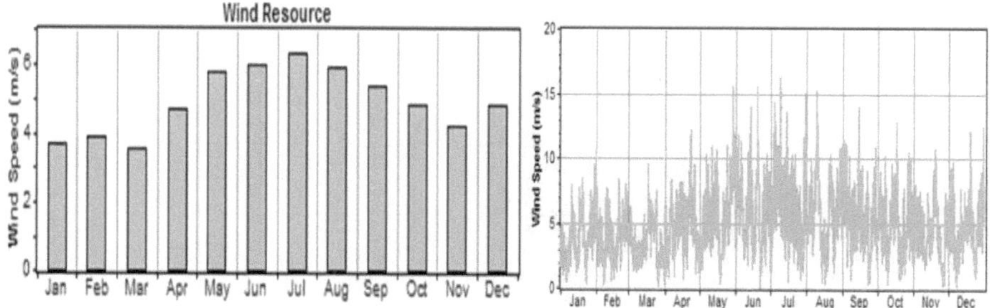

Figure III. 4. Evolution annuelle de la vitesse du vent du site

Les valeurs des paramètres de Weibull *k* et *C* ainsi que la vitesse moyenne du vent pour la station du site ont été déterminées par HOMER dans le tableau III.5.

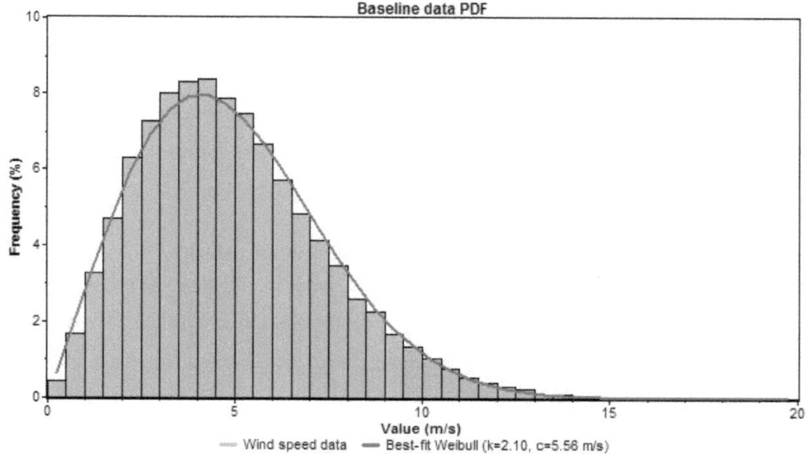

Figure III. 5. Variation de la fréquence des vitesses du vent (courbe de Weibull)

K	C [m/s]	V [m/s]
2,10	5,56	11,676

Tableau III. 3. Résultats de l'étude statique de la vitesse du vent

Il a été choisi un système éolien dont l'aérogénérateur est de marque BWC Excel-R à courant continue (DC ou CC).

Ces informations, utiles au logiciel HOMER, sont utilisées pour effectuer l'optimisation dans le but de minimiser les couts liés à la production d'électricité. Elles serviront également à estimer le revenu financier lié à la production d'électricité [33].

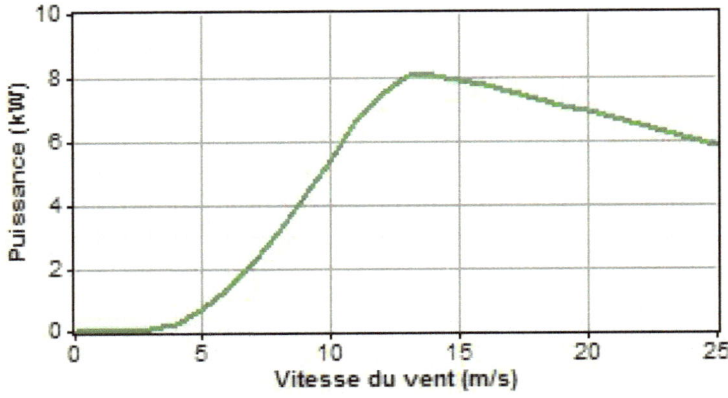

Figure III. 6. Courbe de puissance de l'aérogénérateur BWC Excel-R

Il faut savoir que cet aérogénérateur a une puissance nominale de 7,5 kW. C'est à partir d'un intervalle d'une vitesse de 12 à 19 m/s qu'on obtient les puissances maximales moyennes de ce type d'éolienne. Et on constate très bien que de 0 à 3 m/s, la puissance est constante et de 3 à 16 m/s on observe une croissance de la puissance de l'éolienne tandis que de 16 à 25 m/s on constate une décroissance c'est-à-dire une chute de cette puissance.

III.2.1.2. Étude technico-économique du système éolien

HOMER nous renseigne aussi sur le cout du système éolien, en choisissant le type d'aérogénérateur, et le coût d'un aérogénérateur, et donne une courbe représentative du coût du système en fonction de la quantité d'aérogénérateurs BWC Excel-R, qu'on peut trouver sur la courbe de la figure III.7.

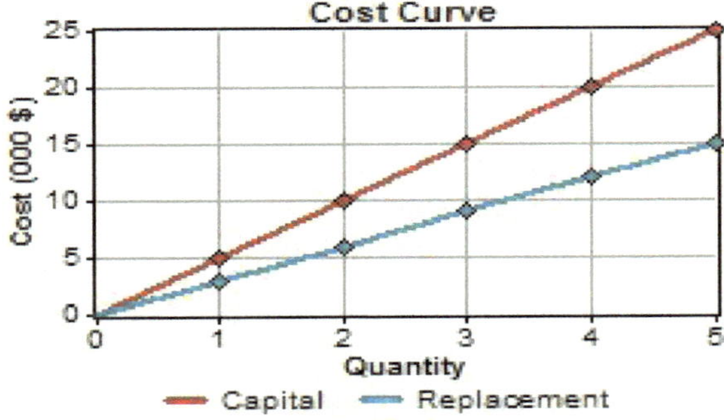

Figure III. 7. Coûts du système éolien en fonction des quantités d'aérogénérateurs

III.2.2. Système du générateur PV

III.2.2.1. Source d'énergie PV

Le gisement solaire est donné en fonction de la latitude du lieu et varie avec la variation de ce dernier. Ces valeurs d'irradiation solaire globales sont représentées dans le graphe de la figure III.8. Il faut savoir que ces valeurs sont données par la logicielle HOMER via sa base de donné. Ainsi, la valeur moyenne de l'irradiation solaire pour notre site qui est de 5,289 kWh/m^2/j comme l'indique le Tableau III.4.

Mois	Facteur d'éclairement	Irradiation (kWh/m2/j)
Janvier	0.467	5.182
Février	0.483	5.296
Mars	0.502	5.240
Avril	0.520	4.914
Mai	0.566	4.775
Juin	0.567	4.471
Juillet	0.563	4.561
Août	0.577	5.176
Septembre	0.588	5.891
Octobre	0.591	6.338
Novembre	0.555	6.121
Décembre	0.497	5.516

Tableau III. 4. Valeurs mensuelles de l'irradiation solaire du site

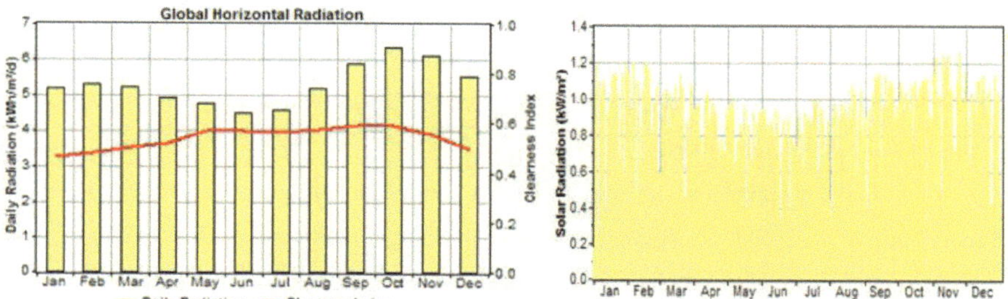

Figure III. 8. Évolution annuelle des irradiations solaire du site.

III.2.2.2. Étude technico-économique du système PV

Pour ce système, différentes tailles du générateur photovoltaïque sont proposées et introduites dans le logiciel 'HOMER' comme données, et il les considèrera dans ses calculs pour trouver le système optimal, en spécifiant l'orientation des modules constituant le générateur photovoltaïque.

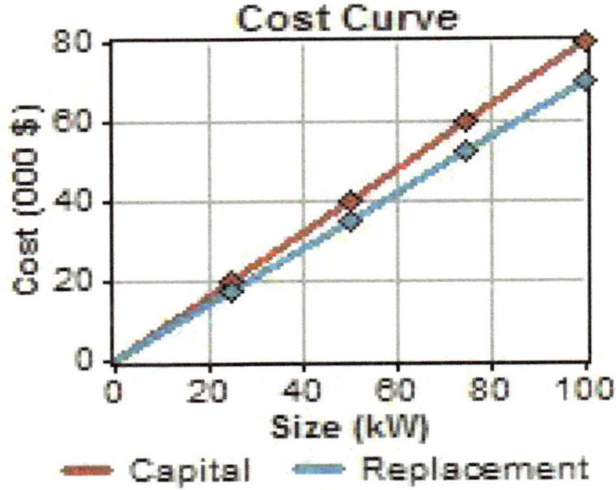

Figure III. 9. Coûts des systèmes PV en fonction des tailles

Ensuite, ces valeurs calculées sont introduites sous forme de tableau, que HOMER met à la disposition de l'utilisateur. Il est même inclus la taille *Zéro*, lorsqu'il est considéré un système sans alimentation électrique d'origine PV.

III.2.3. Système du générateur diesel

La combinaison du générateur thermique diesel à l'énergie solaire PV et éolien permet bien évidement de réduire les besoins en stockage direct d'électricité. Ce générateur peut être relié directement à la charge, dans le cas où il y a cessation de production, comme il peut être relié en parallèle avec les deux autres générateurs d'ENR et à ce moment il sera considéré comme source complémentaire.

L'un des paramètres essentiels du GE est son rendement qui représente le rendement énergétique. Ce générateur délivre à sa sortie une énergie thermique et électrique, ainsi son rendement global n'est rien d'autre que la somme des deux rendements thermique et électrique.

L'autre paramètre du GE est son coût global (capital), qu'on obtient par simulation, en introduisant la valeur du coût initial. Cette valeur représente le coût pour 1 kW de puissance. Ce coût variera donc proportionnellement en fonction de la taille du Groupe, exprimé en puissance, et sachant que la consommation du groupe est exprimé en l/hr/kW, la valeur initiale du coût de la consommation introduite est donné en $/l de fuel (combustible).

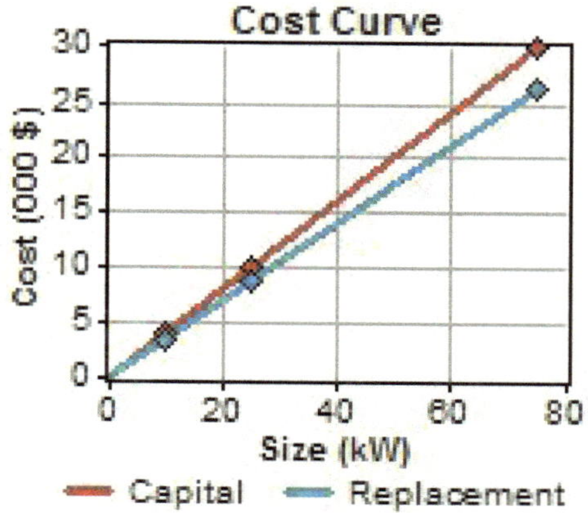

Figure III. 10. Coûts ($) du générateur diesel en fonction de sa taille (kW)

III.2.4. Système de convertisseur de puissance

Notre convertisseur va jouer le rôle aussi d'un redresseur. Il joue le rôle de convertisseur le moment où on veut utiliser une charge alternative c'est-à-dire le 220 V/50 Hz, mais il serra redresseur du fait que c'est à lui de redresser le courant alternatif produit par le générateur diesel en courant continu utilisable dans notre système pour la télécommunication, c'est-à-dire 220 V AC /48 V CC. Pour un 1kW de notre système, son coût d'installation et de remplacement coute respectivement 300$ et 250$, mais on peut aussi estimer et prévoir 7$/an pour l'Opération et la maintenance du matériel.

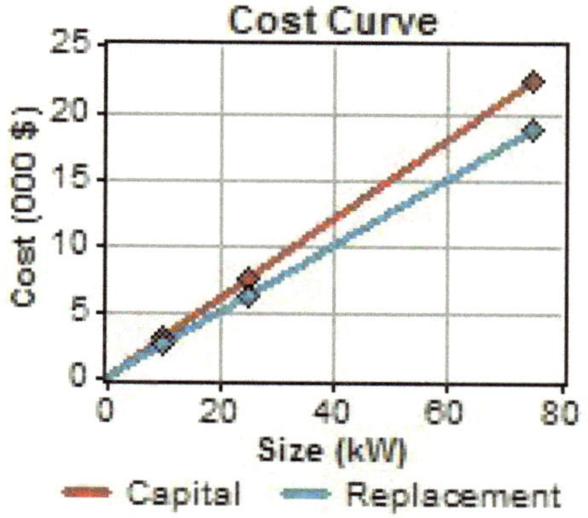

Figure III. 11. Coût ($) du convertisseur en fonction de sa taille (kW)

On a introduit quatre différentes tailles pour la conversion (0, 10, 25 et 75 kW) de ce modèle de convertisseur de puissance. Sa durée de vie pour une unité est estimée à 25 ans avec un rendement de 85 %.

III.2.5. Système de stockage électrique

Le système de stockage électrique est constitué d'éléments de batteries de type stationnaire, choisis Hppecke 6 OPzS 600. Cet élément de batterie de stockage est caractérisé par une capacité nominale de 600 Ah (1.2 kWh), une tension nominale de 2 V, et une durée de vie de 8 ans.

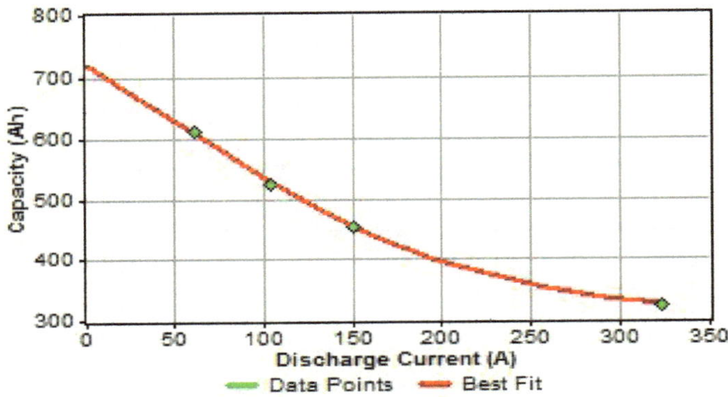

Figure III. 12. Capacité nominale de la batterie en fonction du courant de charge

III.2.5.1. Étude technico-économique Système de stockage électrique

Le coût du système de stockage est en fonction de la quantité d'élément de batterie .Il est aussi un paramètre de calcul du logiciel HOMER. Il peut être représenté dans le graphe de la Figure III.14.Le coût d'une batterie est estimé à 300$ avec un coût de remplacement et de l'opération et de maintenance estimé respectivement à 200$ et 5$/an. On peut comptabiliser quatre différentes tailles pour la batterie (0, 1, 2, 3,4 et 5).

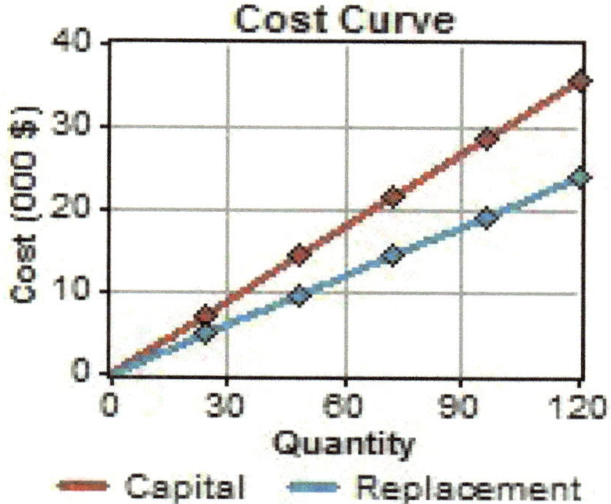

Figure III. 13. Coûts du stockage en fonction de la quantité d'éléments de la batterie

Conclusion

Suite à cette étude, plusieurs types conceptuels et d'architecture de système d'alimentation électrique des équipements de télécommunication sont alors possibles et peuvent être simulés et optimisés par le logiciel HOMER, tout en tenant compte de la puissance à installer en modules et en aérogénérateurs, lorsque les consommations des équipements de télécommunication sont connues, avec le site d'implantation.

RÉSULTATS ET DISCUSSION DE LA SIMULATION

Introduction

Dans ce chapitre, nous allons présenter les résultats de dimensionnement du système hybrides **PV/Éolien/GE/Stockage** pour l'alimentation électrique d'un site pour la télécommunication. Ces résultats sont basés sur une analyse technico-économique via optimisation et des valeurs de la sensibilité des données de l'irradiation solaire, de la vitesse du vent et du prix du gasoil. Cette analyse est effectuée sous 'HOMER'. On a considéré cinq scenarios capables de subvenir aux besoins énergétiques d'un site de télécommunication aux Comores.

Après avoir le profil de la consommation électrique pour notre site et les paramètres du site où implanter le pylône et l'irradiation globale journalière du lieu, la simulation du logiciel Homer a donné les résultats suivant l'optimisation du projet et la sensibilité de ce dernier.

IV.1. RÉSULTATS PAR OPTIMISATION

IV.1.1. Configuration du système

La simulation par 'HOMER' donne une liste des différentes possibilités d'installation du système hybride **PV/Éolien/GE/Stockage** figure IV.1, dont le tri des possibilités se fait selon un critère économique. Tous ces systèmes permettent d'alimenter un site isolé pour la télécommunication d'une façon continue et sans coupure.

Calculate | Simulations: 0 of 5760 | Sensitivities: 0 of 125 | Progress: | Status:

Sensitivity Results | Optimization Results

Sensitivity variables

Global Solar (kWh/m²/d) 5.29 | Wind Speed (m/s) 4.92 | Diesel Price ($/L) 0.99

Double click on a system below for simulation results. | Categorized | Overall | Export... | Details...

PV (kW)	XLR	GE (kW)	H600	Conv. (kW)	Disp. Strgy	Initial Capital	Operating Cost ($/yr)	Total NPC	COE ($/kWh)	Ren. Frac.	Diesel (L)	GE (hrs)	Batt. Lf. (yr)
25	1	10	48	10	LF	$ 46,400	1,912	$ 70,848	0.241	0.96	911	690	16.4
25	2		96		CC	$ 58,800	1,091	$ 72,745	0.248	1.00			20.0
25		10	48	10	LF	$ 41,400	2,691	$ 75,797	0.258	0.93	1,217	919	9.3
50			72		CC	$ 61,600	1,671	$ 82,959	0.283	1.00			12.3
	5	10	120	10	LF	$ 68,000	3,195	$ 108,844	0.371	0.94	1,919	1,442	20.0

Figure IV. 1.Configuration optimale du SEH pour un site de télécommunication

Comme on a choisi l'option « categorized », la liste de la figure IV.1 présente l'option la plus économique pour chaque catégorie de système, donc par type de système. Et on constate cinq différents systèmes et cas possibles : PV/Éolien/GE/Stockage ; PV/Éolien/Stockage ; PV/GE/Stockage ; PV/Stockage et Éolien/GE/Stockage.

Dans les conditions de charge, le coût des composants et disponibilité des ressources présentés antérieurement, le système optimal inclut un générateur PV, une éolienne, générateur diesel et des batteries de stockage. La figure IV.1, montre les systèmes en ordre du plus économique au moins économique selon le NPC (Net Present Cost).

IV.1.2. Configuration choisie (PV/Éolien/GE/Stockage)

Cette configuration est alimentée comme nous le voyons, par deux sources renouvelables fluctuantes (le soleil et le vent). Dans ce cas, la présence d'un dispositif de stockage est indispensable afin de pouvoir satisfaire, à tout instant, la demande du consommateur. Le mode de stockage utilisé dans ce cas est le stockage par batterie.

Dans cette configuration du système, nous avons optimisé le dimensionnement pour minimiser le coût de l'installation. Nous avons alors fait un calcul systématique du coût total de ce système sur 25 ans pour plusieurs valeurs de la capacité de stockage des batteries, de la puissance crête PV, de la puissance du vent, celle du GE ainsi que la capacité de la batterie.

IV.1.3. Architecture possible

Composants	Capacité
PV	*25 kW*
Éolien	*1 BWC Excel-R*
Groupe électrogène	*10 kW*
Batterie	*48 Hoppecke 6 OPzS 600*
Convertisseur	*10 kW*
Redresseur	*10 kW*

Tableau IV. 1. Architecture possible pour la configuration

Les résultats de simulation sont fournis sous forme d'une liste de configurations classées par le coût net actuel (appelé le coût du cycle de vie). Ce coût permet de comparer les différentes options pour la conception du système. Les résultats fournissent aussi une évaluation du SEH du point de vue énergétique.

IV.1.3.1. Résultats détaillés sur les coûts des composants du SEH

IV.1.3.1.1. Répartition des coûts de l'installation

Pour estimer le coût total du projet on utilise, pour chaque élément, les données suivantes : Le capital initial ; Le coût de remplacement et La durée de vie.

Pour calculer les montants récupérés (S) à la fin du projet pour chaque composant, on utilise les formules suivantes [34], [35] :

$$S = C_{rep} + \frac{R_{rem}}{R_{comp}} \quad \text{(VI.1)}$$

$$R_{rem} = R_{comp} - (R_{proj} - R_{rep}) \quad \text{(VI.2)}$$

$$R_{rep} = R_{comp} \text{ x INT} \left(\frac{R_{proj}}{R_{comp}}\right) \quad \text{(VI.3)}$$

S : Récupération [$],
C_{rep} : Coût de remplacement du composant [$],
R_{comp} : Durée de vie du composant [an],
Rem : Durée de vie restant du composant après la fin du projet [an],
R_{proj} : Durée de vie du projet [an],
R_{rep} : La durée du coût de remplacement.

Dans la figure IV.2, 'HOMER' nous donne les coûts totaux des différents systèmes. On peut voir par exemple que pour notre système, le coût net du PV est d'environ 24 794 $, celle de l'éolienne est à peu près de 5 192$, celui du GE est de 16 880$, de la batterie de stockage est de 20 087$, celui du convertisseur est de 305 $ et enfin le système a un coût général de 70848$.

Concernant le diesel, le prix du fuel est de (0.99 $/L). La durée de vie du projet est de 25 ans. Les résultats sont résumés par le tableau IV.2.

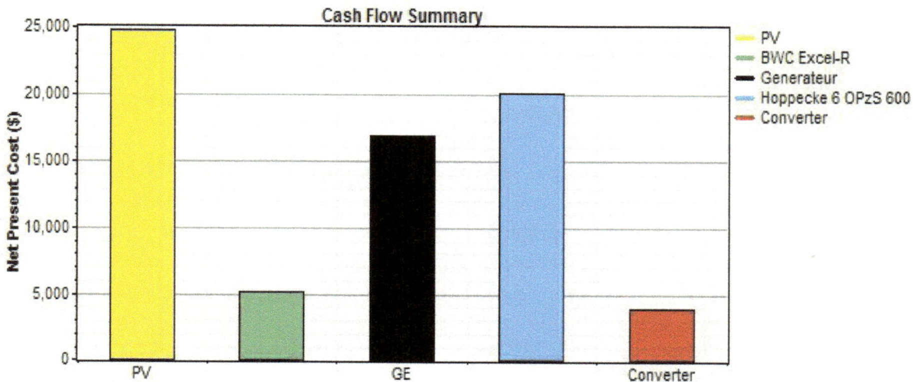

Figure IV. 2.Résultats des coûts détaillés des composants du système

IV.1.3.1.2. Bilan des coûts

- Coût net actuel : 70848 $;
- Coût moyen unitaire annuel : 0,241 $/kWh ;
- Coût annuel des O&M : 1,912 $/an.

Composants	Capital initiale ($)	Capital annualisé ($/an)	Remplacement ($/an)	O&M ($/an)	Fuel ($/an)	Récupération ($/an)	Total ($/an)
PV	20000	1565	0	375	0	0	1940
BWC Excel-R	5000	391	0	15	0	0	406
Générateur	4000	313	0	138	902	-32	1320
Batterie	14400	1126	288	240	0	-84	1571
Convertisseur	3000	235	0	70	0	0	305
Système	46400	3630	288	838	902	-116	5542

Tableau IV. 2. Coûts de l'installation

Composants	capital ($)	Remplacement ($)	O&M ($)	Fuel ($)	Récupération ($)	Total ($)
PV	20000	0	4794	0	0	24794
BWC Excel-R(XLR)	5000	0	192	0	0	5192
Générateur (GE)	4000	0	1764	11530	-414	16880
Batterie (H600)	14400	3687	3068	0	-1068	20087
Convertisseur	3000	0	895	0	0	3895
Système	46400	3687	10712	11530	-1482	70848

Tableau IV. 3. Coût net actuel

Les panneaux PV, l'éolienne, les convertisseurs et aussi le GE ne seront pas remplacés. Le remplacement du GE n'est autre que l'approvisionnement du carburant et quelques maintenances comme le filtre à eau et à huile presque tous les ans avec une récupération en dernière année de 414 $. C'est seulement les batteries qui seront remplacées une seule fois à la 17ème année avec une récupération (rendement) à la dernière année d'une valeur estimée à 1068 $ tableau IV.3 et figure IV.3.

IV.1.3.2. Production et la consommation électrique du système

IV.1.3.2.1. Production du système PV/Éolien/GE/Stockage

Sur le tableau IV.4,sont présentées les quantités d'énergie électrique produites par chacun des sous-systèmes du système hybride (PV/Diesel/Éolien/Batterie), le générateur PV produit 36191kwh/an ce qui couvrent 69% de la charge annuelle en électricité, le générateur diesel produit à son tour 2071 kWh/an qui constituent près de 4% en matière de couverture de la charge et l'éolien quant à lui produit 14373kWh/an qui constituent près de 27% en matière de couverture de la charge soit une production totale en électricité de 52635kWh/an qui constituent 100% en matière de sa couverture de charge.

Composants	La production (kWh/an)	Fraction (%)
Générateur PV	36191	69
Éolien	14373	27
Générateur Diesel	2071	4
Total	52635	100

Tableau IV. 4. Énergie annuelle produit du système

Les systèmes de production participent suivant les fractions décrites dans le tableau ci-dessus et qui montrent une participation importante des sources renouvelables qui atteignent les 96%. Par contre, pour le système diesel autonome la totalité de la production de la moyenne mensuelle d'électricité est couverte par le GE.

On constate très bien que notre système à une consommation au sein de la charge d'environ 22958 kWh/an soit 100% et d'un excès d'électricité de 28523 kWh/an soit 54.2%.

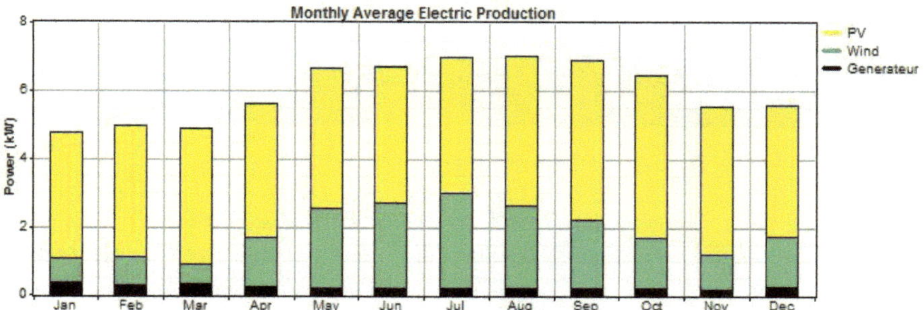

Figure IV. 3. Puissance moyenne mensuelle produite par chaque source

Les énergies mises en jeu dans le système durant une année de fonctionnement, présentent un caractère continu de la disponibilité de l'énergie produite tout au long de l'année, il ne peut être que satisfaisant pour l'atténuation de la part allouée au stockage.

D'une part, on remarque que presque la quasi-totalité (96%) des besoins énergétiques du site est fournie par les générateurs utilisant les ENR. Le reste (4%) est assuré par la source d'énergie conventionnelle (fuel ou gasoil). Cette (96%) est satisfaisant, en vue des ressources renouvelables disponibles relativement moyennes, avec les puissances considérées du PV, de l'éolienne et de la capacité de stockage dans la simulation.

D'autre part, l'augmentation de ces puissances engendre des coûts prohibitifs du système. Le générateur PV seul développe une puissance supérieure à celle de l'éolienne ce qui traduit les fortes performances du système solaire utilisé. Le GE est classé en dernière position avec une fraction de 4% de la production totale.

IV.1.3.2.1.1. Production du Générateur PV

C'est le générateur qui a la plus grande puissance parmi les autres générateurs. Après l'analyse des résultats obtenus pour les puissances moyennes journalières du PV, on remarque que la période de fonctionnement du PV est plus étroite durant tous les mois de l'année, c'est entre 6h à 17h, soit 11 heures par jours. La production PV est nulle, ou très faible, aux périodes du pic de consommation électrique (entre 19h et 21h) ce qui nécessite soit le recours aux autres générateurs, soit à l'énergie stockée, et c'est selon la valeur du pic, ainsi que le classement de la journée dans l'année. C'est à partir de 12 h qu'on observe une puissance maximale produite par le système PV, car dans cette période le soleil est au zénith.

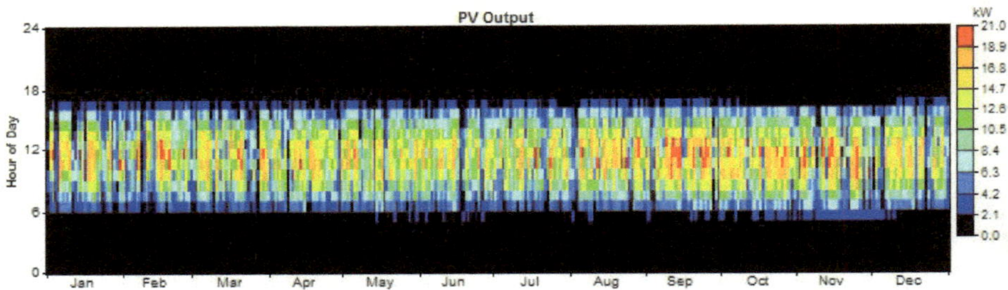

Figure IV. 4. Densités de puissances produites par PV

IV.1.3.2.1.2. Production du Générateur Éolien

L'éolienne est le deuxième qui développe une grande puissance avec 9 % de production.

Variables	Valeur	Unité
Puissance minimale	0	Kw
Puissance maximale	8.07	kW
Pénétration éolienne	62.6	%
Heures de fonctionnement	8091	h/an
Puissance moyenne	1.64	kW
Capacité totale	7.5	kW
Facteur de capacité	21.9	%

Tableau IV. 5. Paramètres de fonctionnement de l'éolienne

BWC Excel-R fonctionne pratiquement durant toute l'année, elle est à l'arrêt pour une période équivalente à 28 jours dans l'année (669 heures/an), avec un état de charge moyenne de 21.9%. Les périodes d'arrêt correspondent à des vitesses du vent très faibles (inférieure à 2 m/s).

On sait très bien que ces courbes sont très semblables avec celles qui représentent la distribution des vitesses moyennes journalières du vent données précédemment. Les mois les plus ventés (Avril jusqu'au mois d'octobre) sont caractérisés par une production importante et inversement.

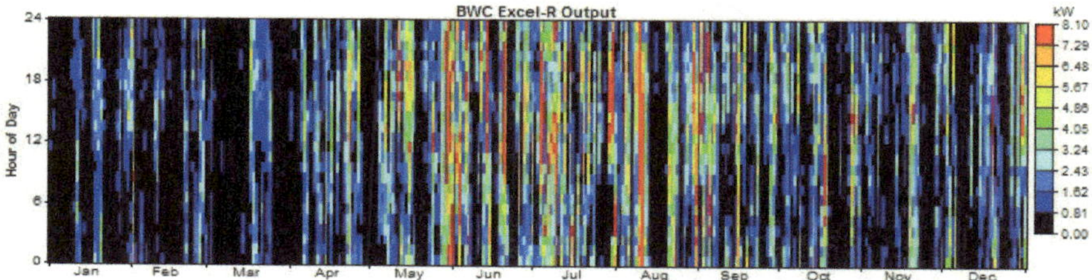

Figure IV. 5. Densités journalière et annuelle d'énergie produite par l'éolienne.

IV.1.3.2.1.3. La production du générateur Diesel

Le GE est appelé à fonctionner à n'importe quel moment de la journée et d'une manière optimisée, c'est-à-dire, une possibilité de fonctionnement à pleine charge comme à charge partielle et c'est selon les besoins du site. La mise en marche (ou à l'arrêt) est donc en fonction de la demande, de la production des autres générateurs et de l'état de charge des batteries. Le combustible à utiliser est le fuel (moteur diesel).

Propriétés	**Valeur**	**Unité**
Prix	0.99	$/L
PCI	43.2	MJ/kg
Masse volumique	820	Kg/m^3
Pourcentage carbone	88	%
Pourcentage soufre	0.33	%

Tableau IV. 6. Propriétés du combustible

Le groupe électrogène fonctionne pendant une période inferieur à un tiers de l'année, avec un état de charge moyen de 23.1 %.

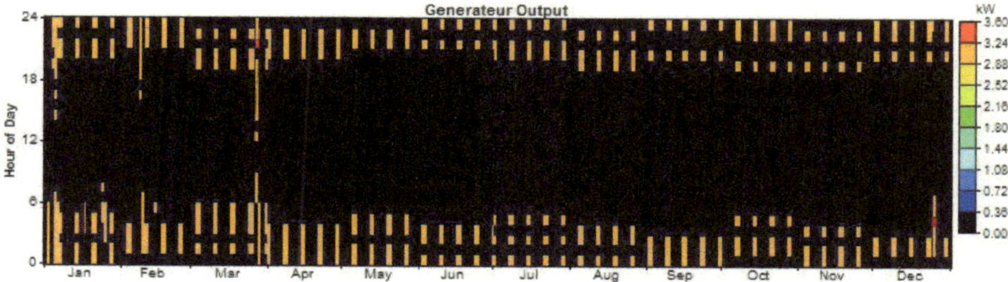

Figure IV. 6. Densités de puissances journalière et mensuelle du générateur diesel.

La production du GE est en fonction des potentiels renouvelables. En effet elle est plus forte en mois de janvier, février et décembre. Elle est moyenne en mois de septembre et avril et en fin elle est plus faible dans le mois de mai et août.

IV.1.3.2.1.4. La production des batteries de stockage

L'installation peut fonctionner sans système de stockage, cependant, le rôle des batteries de stockage est essentiellement pour mieux optimiser les paramètres de fonctionnement, dans le sens de minimiser la part de l'énergie produite par le générateur classique. L'excès de production par les générateurs renouvelables est donc stocké dans les batteries, on peut ainsi minimiser la consommation du combustible et les émissions des gaz à effet de serres (GES).

Le profil de la distribution journalier moyen de l'état de charge est relativement semblable pour tous les mois, mais ce n'est pas avec les mêmes valeurs. L'état de charge journalier moyen est caractérisé par un minimum à environ 4h à 5h du matin. Ce minimum se situe juste avant le premier pic de production du générateur diesel (courbe pour GE) et après le pic de l'onduleur. Un état de charge minimal signifie que le système de stockage a fourni de l'énergie au bus CC. Pour cette période de la journée (4h à 5h du matin), les batteries fournissent le maximum d'énergie, elles servent comme un système d'appoint. La courbe d'état de charge des batteries est croissante entre l'heure du minimum 4h et 16h, c'est de période de recharge.

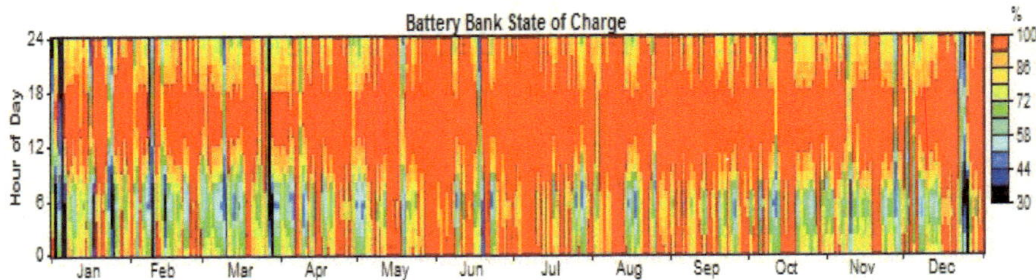

Figure IV. 7. Densité de l'état de charge de la batterie

L'énergie produite par la batterie serrait très importante si le système était composé qu'une seule source. Les batteries d'un système hybride subissent un cyclage important avec des décharges profondes plus ou moins importantes. Selon la durée de la décharge, on peut distinguer trois cas :

- L'effet d'un cyclage journalier dont le profil et l'amplitude dépendent de l'énergie fournie par le générateur PV, éolien et celle consommée par l'utilisateur. Le cyclage journalier peut introduire des décharges très profondes d'une durée généralement courte ;
- L'état de charge moyen de la batterie peut atteindre un niveau critique suite à quelques jours consécutifs d'ensoleillement exceptionnellement faible ;

☞ La variation de l'ensoleillement moyen et de la vitesse du vent en fonction de la période de l'année résulte en un cyclage saisonnier.

IV.1.3.2.1.5. Convertisseur

Le convertisseur considéré est bidirectionnel, il est constitué de deux parties :

☞ Partie onduleur (entrée CC, sortie CA) ;

☞ Partie redresseur (entrée CA, sortie CC).

Le fonctionnement de l'onduleur est lié à la demande sur l'énergie stockée, l'étude de son fonctionnement nous permet de prévoir les périodes de décharge des batteries. Quant au redresseur est lié à l'état de charge des batteries, l'analyse de son fonctionnement est très importante, car elle nous permet de prévoir les périodes de recharge des batteries et ainsi les générateurs utilisés pour cette opération (PV-Éolien-Diesel-Stockage).

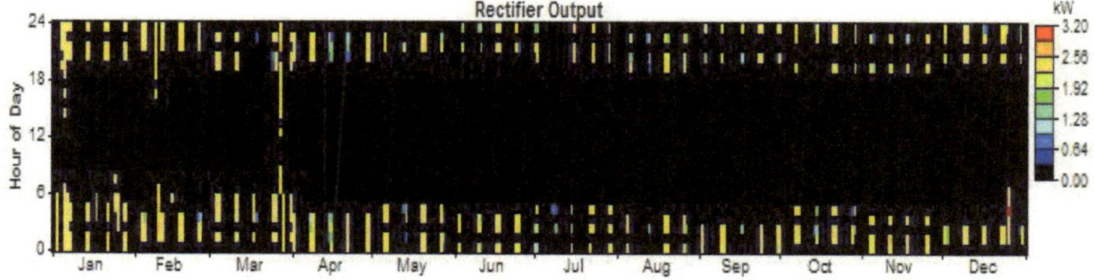

Figure IV. 8. Densité de puissance du redresseur.

Ces courbes sont différentes les uns des autres. Elles sont caractérisées par des maximums et des minimums. Pour les maximums, les pics correspondent à la période de recharge des batteries de stockage, ils correspondent aux pics du GE et ils apparaissent après les minimums de l'état de charge des batteries et les valeurs de ces pics varient sensiblement d'un mois à un autre. Les minimums à après les maximums correspondent à un état de charge maximale des batteries.

IV.1.3.3. Émissions des Gaz

Les émissions des gaz polluants proviennent de la partie classique de l'installation. La réduction de ces émissions est l'objectif capital de cette étude, et c'est dans le sens de remédier aux problèmes liés à la pollution atmosphérique et au changement climatique. Le CO_2 et les NOx sont les principaux gaz dégagés par la combustion,

Polluant	Émissions (kg/an)
Dioxyde de carbone	2399
Monoxyde de carbone	5.92
Hydrocarbure non brulé	0.656
Particules	0.446
Dioxyde de soufre	4.82
Oxyde de nitrogène	52.8

Tableau IV. 7. Les émissions de gaz

IV.2. RÉSULTATS PAR SENSIBILITÉ

'HOMER' peut exécuter une analyse de sensibilité lorsque nous définissons des variables comme la sensibilité des '*imput*' (entrées), le logiciel répète le processus d'optimisation pour chaque variable que nous avons spécifié. Cette étude nous permet aussi de prévoir l'installation du même système sur un autre site.

Les résultats de simulation par HOMER sont donnés sous forme de combinaisons (configurations) réalisables (techniquement et économiquement) des éléments définit dans l'installation. Ses configurations sont classées par ordre croissant de la valeur actuelle nette. Pour chacune de ces solutions possibles, 'HOMER' fournit tous les paramètres de fonctionnement des composants et de l'ensemble de l'installation (la fraction de l'énergie renouvelable, les émissions de gaz, le coût spécifique de l'énergie, l'énergie totale produite, consommée et l'excès de l'énergie, etc.).

IV.2.1. Configurations du SEH en fonction du prix du carburant

Pour chaque valeur du prix cité précédemment, on fait varier simultanément la vitesse moyenne du vent (entre 4,9 et 6,5 m/s) et l'irradiation solaire moyenne (entre 5,3 et 9kWh/m^2/j).Les résultats sont illustrés dans la figure IV.17.

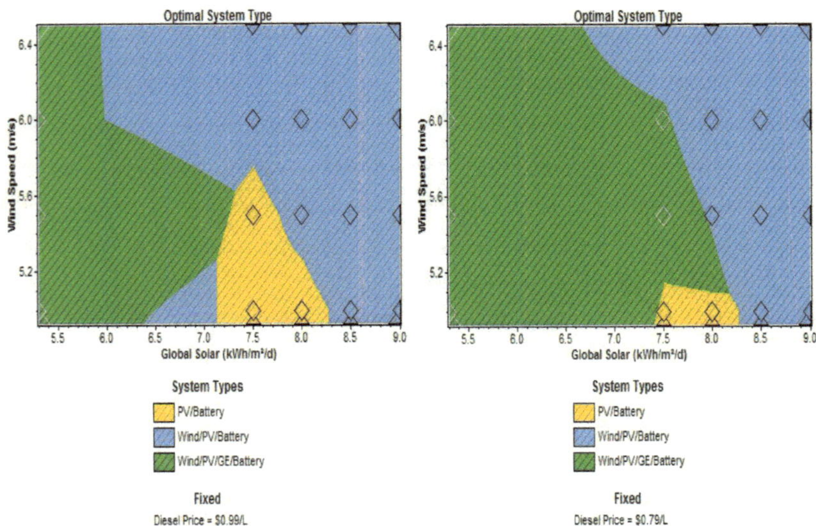

Figure IV. 9. Composition optimale du SEH en fonction du prix du carburant.

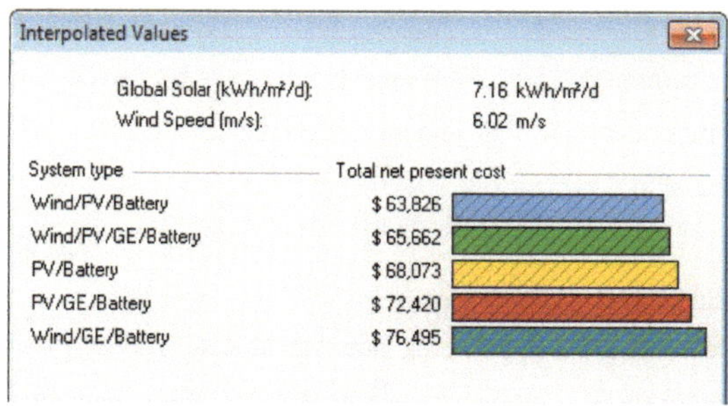

Figure IV. 10. Scénario possible pour les différentes sensibilités introduites

Il existe plusieurs scenarios (voir figure IV.10) possibles pour ce dimensionnement et classé selon les coûts du moins couteux au plus couteux, mais 'HOMER' a choisi pour la sensibilité pour le cas optimal possible ces trois choix (voir figure IV.17) à savoir : **PV/Stockage; Éolien/PV/Stockage et Éolien/PV/GE/Stockage.**

Le PV est opté pour toutes les plages de variation des vitesses et de l'irradiation solaire (1ère, 2ème et 3ème configuration) et c'est indépendamment du prix du carburant (fuel). Le générateur éolien est déclassé pour des irradiations solaires comprises entre 7,1 kWh/m^2/j à 8.3 kWh/m^2/j, par contre pour une irradiation comprise entre 5,3 kWh/m^2/j à 7,1 kWh/m^2/j et 8.3 kWh/m^2/j à 9 kWh/m^2/j et la quasi-totalité de la vitesse du vent, on constate une apparition du générateur éolien. Quant au GE c'est dans une variation de l'irradiation solaire comprise entre 5,3 8.3 kWh/m^2/j à 6,3 8.3 kWh/m^2/j ainsi que la totalité de la vitesse du vent que le générateur peut apparaitre dans une configuration.

IV.2.2. Évaluation des différents coûts du système

Dans cette partie, on s'intéresse d'évaluer les coûts de l'énergie (COE), les coûts net total actuel (NPC), les coûts totaux du capital et les coûts totaux annuels du système en fonction du prix du carburant, ce qui nous a permis de faire le choix de deux valeurs (0,99 et 0,79 $/L) parmi ceux introduites dans la sensibilité. Cette étude nous permet de bien illustrer l'influence de ce dernier (le prix) sur la puissance développée par le système.

IV.2.2.1. Évaluation des coûts de l'énergie produit

- ***<u>Pour un prix fixé à</u> : 0,99 $/L***

On constate que le système hybride Eolien/PV/Stockage est plus avantageux économiquement que celui qui combine PV/stockage et Éolien/PV/GE/Stockage car il occupe une plage très important par rapport aux autre, avec des valeurs du coût de l'énergie allant de 0.216 $/kWh à 0.198 $/kWh. Cette diminution du prix de l'électricité est signalée dans les irradiations les plus élevées. Ce qui justifie bien l'utilisation du système Éolien/PV/Stockage dans les périodes les plus ensoleillées afin de satisfaire à la demande énergétique et économiser beaucoup plus le carburant. Ce système contribuera à la réduction des émissions des gaz à effet de serre afin de lutter contre le changement climatique, car l'énergie utilisée est exclusivement d'origine renouvelable.

- ***<u>Pour un prix fixé à</u> : 0,79 $/L***

Contrairement au prix précédent, pour un prix de 0,79 $/L c'est le système hybride Éolien/PV/GE/Stockage qui est le plus avantageux économiquement que les combinaisons PV/stockage et Éolien/PV/Stockage car il occupe une plage très importante par rapport aux autres, avec des valeurs du coût de l'énergie allant de 0,231 $/kWh à 0,212 $/kWh. Cette diminution du prix de l'électricité est due à des vitesses plus élevées. Ce qui justifie bien l'utilisation du système Éolien/PV/GE/Stockage dans les périodes les plus ventées afin de satisfaire à la demande et économiser beaucoup sur le prix du carburant. Ce système contribuera à la réduction des émissions des gaz à effet de serre afin de lutter contre le changement climatique.

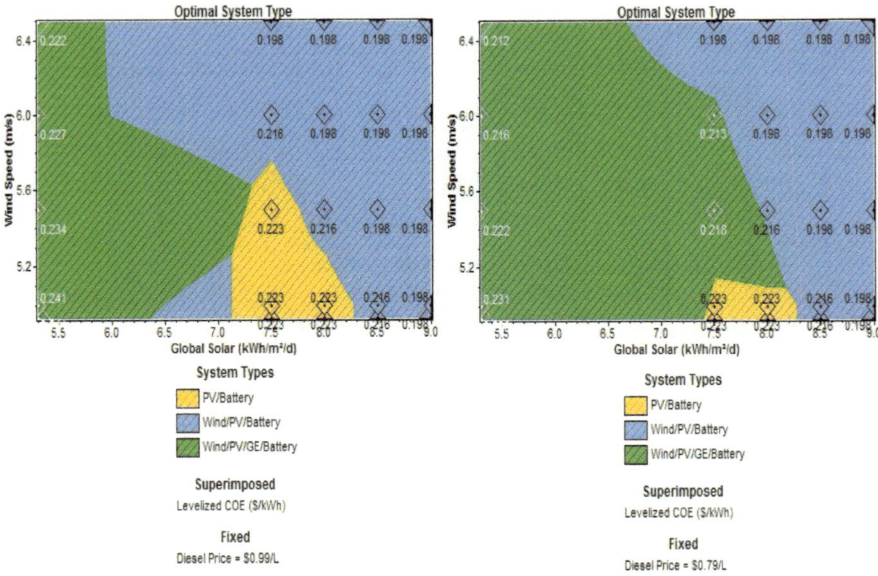

Figure IV. 11. Coûts de l'énergie produite par le SEH pour différents prix du carburant

IV.2.2.2. Évaluation du coût net total actuel du système

- ***Pour un prix fixé à : 0,99 $/L***

Le système hybride Éolien/PV/Stockage prend toujours le devant en occupant une place très importante, il est plus avantageux économiquement que celui qui combine PV/stockage et Éolien/PV/GE/Stockage car, il occupe une plage très importante par rapport aux autres, avec des valeurs du coût net total du système allant de 63,353 $ à 58,161 $. Cette diminution du coût net total du système est signalée dans les irradiations les plus élevées et la vitesse du vent moins élevé. Ce qui montre une meilleure rentabilité d'un tel système Éolien/PV/Stockage ;

- ***Pour un prix fixé à : 0,79 $/L***

Pour un prix de 0,79 $/L c'est le système hybride Éolien/PV/GE/Stockage qui est le plus avantageux économiquement que celui qui combine PV/stockage et Éolien/PV/Stockage car il occupe une plage très importante bien évidement par rapport aux autres, avec des valeurs du coût net total du système allant de 67 684$ à 62 123$. Cette diminution du coût net total du système est signalée dans les vitesses du vent les plus élevées. Ce qui justifie bien l'utilisation du système Éolien/PV/GE/Stockage dans les périodes les plus ventées afin de satisfaire la demande, économiser beaucoup sur le prix du carburant et avoir une rentabilité du système.

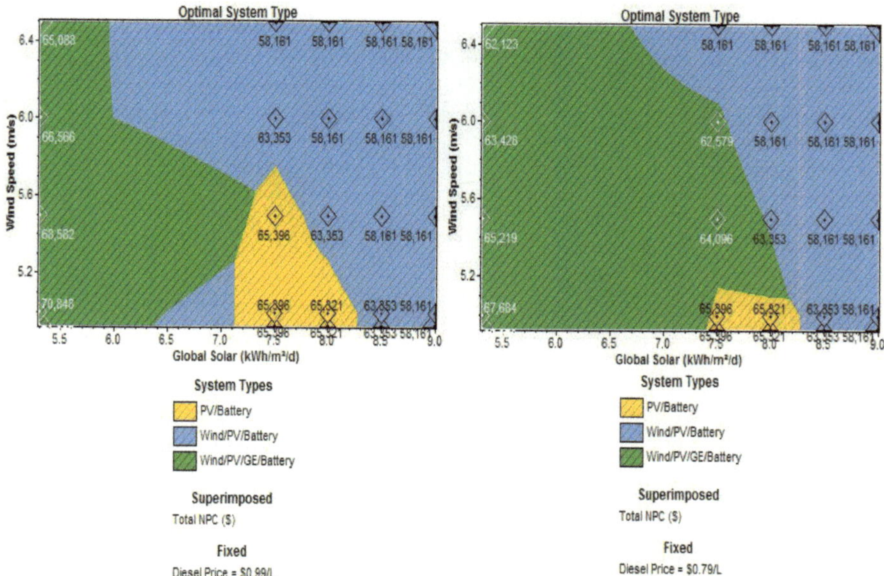

Figure IV. 12.Coût net total actuel du système pour différents prix du carburant

VI.2.2.3. Évaluation du Coûts total annuel du système

- ***Pour un prix fixé à : 0,99 $/L***

Le système hybride Éolien/PV/Stockage qui est plus avantageux économiquement que celui qui combine PV/stockage et Éolien/PV/GE/Stockage car il occupe une plage très importante par rapport aux autres, avec une variation des valeurs du coût total annuel du système allant de 4956 $/an à 4550 $/an. Cette diminution du coût total annuel est signalée dans les irradiations solaires ainsi que pour des vitesses importantes.

- ***Pour un prix fixé à : 0,79 $/L***

Pour un prix du carburant fixé à 0,79 $/L, le système hybride Eolien/PV/GE/Stockage est le plus avantageux économiquement que celui qui combine PV/stockage et Eolien/PV/Stockage car il occupe une plage importante par rapport aux autres combinaisons, avec des valeurs du Coûts totale annuelle allant de 5 295 $/an à 4 860 $/an. Cette diminution du coût net total du système est aussi signalée pour des vitesses du vent plus élevées.

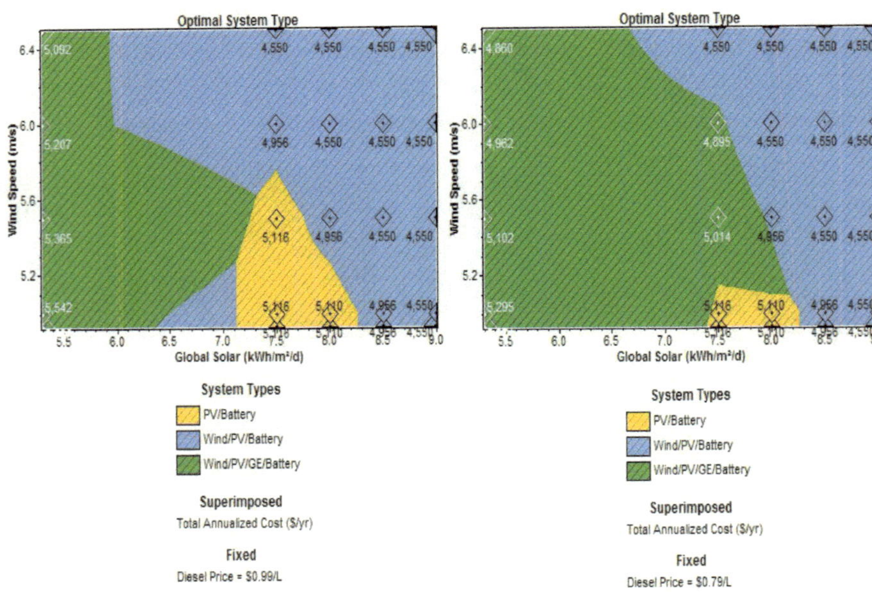

Figure IV. 13. Coût total annuel du système pour différents prix du carburant

Conclusion

Les simulations numériques présentées dans ces travaux de recherche ont permis de montrer que le système de génération étudié pouvait fonctionner sur les différentes configurations du SEH.'HOMER' ne détermine que les systèmes les plus faisables et rentables économiquement. Or, il peut en juste proportion servir la charge électrique demandée. On peut alors envisager l'installation d'un système de production à base d'énergie solaire PV et éolienne. En effet les équipements ont une bonne efficacité énergétique, ce qui permet de tirer le meilleur bénéfice du système. Les solutions recherchées sont réalisables techniquement parlant, ayant une viabilité économique, tout en satisfaisant aux exigences en matière de durabilité. Noter qu'un dimensionnement optimisé des batteries est critique et permet de maximiser le rapport coût/performance du système sur sa durée de vie (c'est-à-dire performance optimisée et durée de vie des batteries d'accumulateurs allongée). Ainsi, le remplacement inutile des batteries de stockage est coûteux, particulièrement pour les applications dans les endroits isolés comme dans notre cas pour l'alimentation électrique d'un site de télécommunication.

RÉALISATION D'UN RÉGULATEUR DE CHARGE

Introduction

Actuellement, les ENR et plus précisément les énergies solaire et éolienne continuent à prendre une place très importante dans le monde ces dernières années. D'après nos études sur les installations et dimensionnement de ces énergies seules et des SEH dans les sites de télécommunications, on constate que les accumulateurs auront besoin d'être chargés en cas d'une décharge profonde. C'est pourquoi, on a jugé nécessaire, de réaliser un tel dispositif qui nous permettra de faire cette charge automatiquement.

Le but de ce projet est de concevoir un régulateur de charge solaire avec un module GSM à base d'*Arduino Uno*, qui servira de contrôle à la charge et la décharge des batteries et qui sera capable d'envoyer les données nécessaires à la supervision par SMS en temps réel. Ce chapitre vise donc à présenter et à initier l'utilisation d'Arduino. Dans ce chapitre, nous verrons :

- La présentation et l'utilisation de l'outil Arduino ;
- La présentation du logiciel de simulation ;
- L'étude sur les caractéristiques électriques du régulateur et ses diverses fonctions ;
- La conception et les résultats obtenus.

V.1.Présentation d'Arduino

L'Arduino est une carte électronique en matériel libre pour la création artistique interactive, elle peut servir :

- Pour des dispositifs interactifs autonomes simples ;
- Comme interface entre capteurs/actionneurs et ordinateur ;
- Comme programmateur de certains microcontrôleurs.

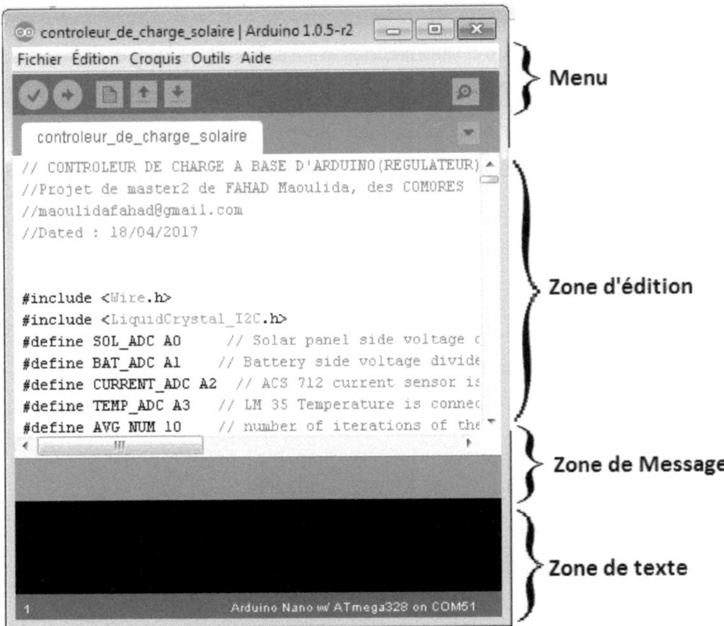

Figure V. 1. Arduino Software (IDE).

Il existe plusieurs types de carte Arduino mais les plus utilisés sont :

Arduino mini, Arduino nano, Arduino Uno, Arduino Mega, Arduino Duemilanove…etc

V.1.1. Histoire d'Arduino

Monsieur Massimo Banzi enseignait la conception interactive en Italie. En 2005, il a conçu une carte électronique minimaliste et à bas prix pour permettre à ses étudiants de bricoler dans des activités de projets. Il appellera cette carte Arduino comme le bar où il avait l'habitude d'aller. Ce nom correspond à celui du roi Arduino (en 1002 en Italie). Avec l'aide d'une équipe de développeurs, ils conçoivent un logiciel spécifique. Le succès grandissant rapidement au fil des années, différentes versions matérielles et logicielles seront développées avec aujourd'hui l'Arduino Leonardo.

V.1.2. Logiciel Arduino ou Arduino IDE

L'Arduino IDE que nous avons utilisé pour ce projet est la version 1.0.5. On y fait la conception et la compilation du programme avec le langage Arduino. L'IDE serve également comme logiciel pour téléviser le programme compilé vers la carte Arduino. Cela se fait grâce au câble USB mini. Les instructions en langage Arduino s'exécutent d'une façon séquentielle c'est-à-dire les unes après les autres. Le programme Arduino est principalement divisé en trois parties :

- Une partie déclarative ;
- Une partie d'initialisation et de configuration des entrées et sorties : fonction setup () ;
- Une boucle principale qui s'exécute en boucle : la fonction loop ()

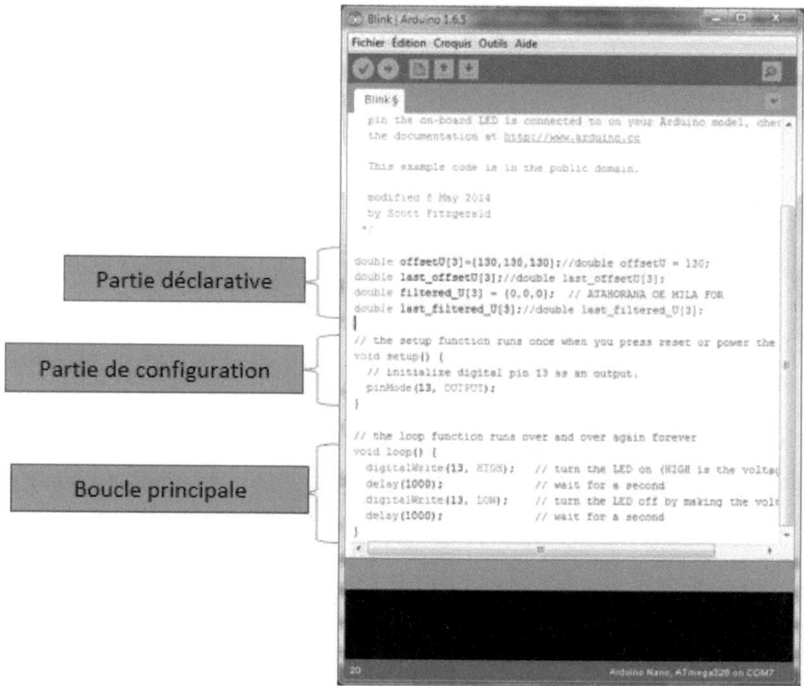

Figure V. 2. Les différentes parties d'un programme Arduino.

V.1.3.Description de la carte Arduino utilisé et du module GSM

V.1.3.1.L'Arduino :

La carte Arduino est un microcontrôleur (ATmega328) programmable permettant de faire fonctionner des composants (moteur, LED, etc…). Elle possède plusieurs ports permettant par exemple de se connecter à un ordinateur ou de s'alimenter. Il existe plusieurs modèles ayant chacun leurs spécificités, la plus courante est la carte Arduino UNO.

Cette carte comporte plusieurs entrées analogiques, des entrées et des sorties numériques (voir figure V.4)

Microcontrôleur	ATmega328
Fréquences Horloge	16 Mhz
Tension de fonctionnement	5V
Tension d'alimentation (recommandée)	7-12V
Tension d'alimentation (limites)	6-20V
Broches E/S numériques	14 (dont 6 disposent d'une sortie PWM représenter par le symbole tilde)
Broches d'entrées analogiques	6 (utilisables en broches E/S numériques)
Intensité maxi disponible par broche E/S (5V)	40 mA (Attention 200mA max total entrée/sortie cumulées)
Intensité maxi disponible pour la sortie 3.3V	50 mA
Intensité maxi disponible pour la sortie 5V	500 mA max Sur port USB
Mémoire Programme Flash	32 KB (ATmega328) dont **0.5 KB** sont utilisés par le bootloader (chargeur d'amorçage)
Mémoire SRAM (mémoire volatile)	2 KB (ATmega328)
Mémoire EEPROM (mémoire non volatile)	1 KB (ATmega328)
Interface	USB (permet d'alimenté la carte et de transféré les programmes vers la carte)
Alimentation externe	Jack
Dimensions	6,86 cm x 5,3 cm

Figure V. 3. Caractéristiques de la carte Arduino Uno

V.1.3.2. Le module GSM :

Le GSM (*Global System for Mobile Communications*) est un système standard utilisé par la plupart des téléphones mobiles, des réseaux à travers le monde. Un réseau cellulaire basé autour des stations de radiodiffusion ou de la technologie satellite relié aux signaux de l'orbite. Un réseau est composé d'émetteurs (antennes relais) fixes et de récepteurs (téléphones) mobiles. Le terminal GSM s'accompagne d'une carte *Subscriber Identity Module* « SIM ou Module d'Identification d'Abonné », outil de personnalisation des communications et d'un code *Personnal Identification Number* (PIN), [code d'accès à la carte SIM] code indispensable à l'utilisation de la carte SIM sur le réseau GSM. Dans notre projet, nous utilisons le GSM 900.

V.2.Logiciel de simulation et de CAO

V.2.1.Proteus (ISIS et ARES)

Proteus est un logiciel permettant de faire une simulation des composantes ou circuits électroniques sous Windows. Un logiciel développé par la société « Labcenter Electronics », il inclut des logiciels permettant de faire une CAO (ou Conception Assistée par Ordinateur) dans le domaine électronique.

Ce logiciel nous permet de modéliser un circuit électrique. Il réduit également les risques de gaspillage de composants électroniques et d'électrocution lors des essais d'un circuit électrique.

Le logiciel Proteus est composé de deux logiciels principaux :

- ISIS : notamment réputé pour faire des éditions des schémas électriques, ce logiciel de Proteus permet de simuler ces schémas de façon à ce que les erreurs durant la conception soient détectées.
- ARES : en parfaite complémentarité avec ISIS, c'est un outil d'édition de circuit imprimé et de routage. Après avoir fait la conception et la simulation sous ISIS d'un schéma électrique, nous pouvons facilement l'importer sur ARES pour l'étape suivante qui n'est autre que le circuit imprimé ou PCB. ARES exécute automatiquement l'emplacement des composants et le routage.

V.3.Caractéristiques électriques d'un régulateur de charge solaire :

Le régulateur de charge solaire est l'élément central d'une installation solaire. Il contrôle la production des panneaux tout en optimisant la durée de vie des batteries. Un régulateur de charge solaire adapté doit donc être soigneusement sélectionné. Lors de la sélection d'un régulateur de charge, le courant de court-circuit (Isc) des panneaux solaires est la caractéristique essentielle. Pour les régulateurs de charge MPPT, deux critères sont essentiels : d'une part, la somme de la puissance en Wc de tous les panneaux solaires raccordés, ne doit pas dépasser la puissance d'entrée maximale du régulateur de charge solaire. D'autre part, la tension à vide (Uoc) de tous les panneaux solaires éventuellement montés en série, ne doit jamais dépasser la tension d'entrée maximale du régulateur de charge solaire.

V.3.1.Description de la réalisation :

Ce régulateur est basé sur l'utilisation d'un microcontrôleur Arduino Uno, d'un circuit LCD 20 x 4 pour l'affichage des donnés, des capteurs de courant, de tension et de température pour pouvoir faire le prélèvement de ces derniers, et enfin il est basé sur l'utilisation d'un module GSM 900 pour le contrôle à distance de notre régulateur notamment sur l'envoi et des donnés via SMS en temps réel. Le régulateur permet d'assurer la protection des batteries de stockages à la surcharge et décharge profonde et surtout éviter les coupures inattendues du réseau télécom. Notre dispositif a une tension nominale de 6 V /12 V, un courant maximal de 10 A, un courant de charge maximal de 10 A et une tension de circuit ouvert 8 V à 11V pour un système de 6 V ou 15 V à 25 V pour un système de12 V.

V.3.2.Principe de fonctionnement

Le régulateur de charge est conçu en prenant soin des points suivants :

- ☞ **Prévenir la batterie à la surcharge**: pour limiter l'énergie fournie à la batterie par le panneau solaire lorsque la batterie est complètement chargée. Ceci est implémenté dans ***charge cycle ()*** de mon code,

- **Empêcher la décharge sur la batterie:** Pour déconnecter la batterie des charges électriques lorsque la batterie atteint un état faible de charge. Ceci est implémenté dans ***load control ()*** de mon code,
- **Offrent des fonctions de contrôle de charge :** Pour connecter et déconnecter une charge électrique à un moment déterminé automatiquement. La charge sera en mode ON lors du coucher du soleil et en mode OFF à la lever du soleil. Ceci est implémenté dans ***load control ()*** de mon code,
- **Contrôle de de la puissance et de l'énergie :** Pour contrôler la puissance de charge et de l'énergie et les afficher dans le LCD,
- **Protection d'un état anormal:** Pour protéger le circuit des différentes situations anormale comme éclaircissant, au-dessus de la tension, courant et court-circuit…etc,
- **Indication et affichage :** Pour indiquer et afficher les différents paramètres (tension batterie et tension du panneau etc),
- **Communication série :** Pour imprimer les divers paramètres de moniteur série
- **Supervision :** Pour envoyer les données affichées sur la LCD à la supervision via un SMS à travers le module GSM 900.

V.3.3. synoptique et électrique du régulateur

La tension du régulateur est constituée d'une alimentation régulée avec un courant de sortie limité 10 A environ. Les LED, servent de témoins qui vont permettre de bien contrôler la charge et la décharge de la batterie, l'état de charge et la tension de la batterie. Le schéma de principe est exposé en figure V.6 suivant. Lorsque la batterie est déchargée le GSM envoie un message à la supervision pour informer l'état des batteries et dire que la charge débute. Quand la charge est terminée, le GSM renvoi le message pour dire que la charge est terminée et la charge se coupe automatiquement.

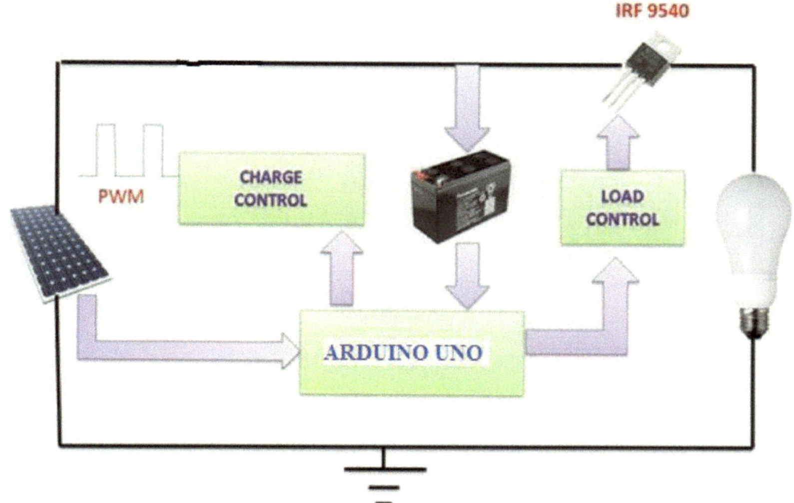

Figure V. 4. Schéma synoptique

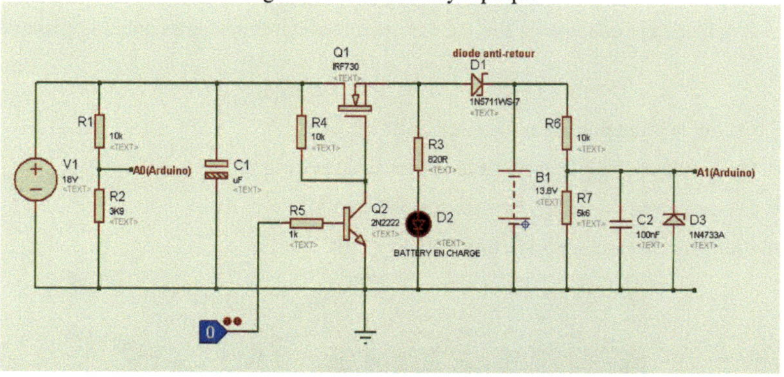

Figure V. 5. Schéma électrique du régulateur.

Figure V. 6. Montage dans une plaque d'essai.

V.4.La Réalisation pratique et les résultats obtenus :

Pour réaliser ce montage, nous devons réaliser ou nous procurer du circuit imprimé et réunir tous les composants nécessaires.

Avant de faire quoi que ce soit, on doit suivre les étapes suivantes pour la réalisation du circuit:

- On fait la programmation sous Arduino,
- On simule et compile avant de le téléverser su la carte,
- On essaie notre montage dans une plaque d'essai,
- En fin, on fait la réalisation finale du dispositif.

Figure V. 7. Montage du prototype déjà conçu.

V.4.1. Liste des composants utilisés :

Composants	Références
LCD	20 x 4
Arduino	Uno
Module GSM	900 A
Résistances	20k, 10k et 330 Ohm
condensateurs	0.1 uF
Fusibles	……….
Relais	12v
Capteur de courant	ACS 712

Tableau V. 1. Liste des composants.

V.4.2.Résultats obtenus :

Cette réalisation a donné comme résultat un circuit capable de faire la recharge des accumulateurs de batterie tout en contrôlant la charge via des témoins qui sont la LED rouge en état de charge et la LED vert indiquant la fin de la charge. Signalons que ce circuit peut être utilisé avec n'importe quel type de batterie avec une tension maximale de 12 V.

Notre montage a comme particularité l'envoie des messages à la supervision pour informer au superviseur l'état des accumulateurs. En cas d'une décharge profonde des batteries, il envoie un message via au GSM et débute automatiquement la charge. Dès que la charge est terminée, il renvoie toujours un message pour dire que les batteries sont pleines et il arrête automatiquement la charge.

V.4.2.1.Difficultés rencontrées lors de la réalisation :

Durant la conception du montage, seul le module GSM et l'afficheur LCD ont rencontré quelques difficultés sur leur fonctionnement, mais on a pu les résoudre en faisant des recherches et on a conclu qu'il faudrait une alimentation 12 V DC pour pouvoir alimenter le GSM.

Autres problèmes ou difficultés rencontrées, c'est la manipulation du fer à souder, car on n'avait pas l'habitude de l'utiliser, mais grâce à ce projet, on a appris beaucoup de choses surtout dans le domaine de l'électronique.

V.4.2.2.Remarque :

Après avoir terminé le circuit, on a constaté que notre dispositif fonctionne convenablement comme on le souhaitait. Comme on n'avait pas un panneau solaire et une batterie, on a essayé de faire la simulation en positionnant des potentiomètres, pour faire varier les tensions du courant et de la batterie. On remarque que la simulation passe bien.

Si la batterie est déchargée, une des LED clignote avec une lumière verte. Parcontre l'autre LED reste toujours allumée avec sa couleur verte qui montre bien que la batterie est déchargée. Il faut savoir qu'en cas de décharge ou débranchement, le GSM envoie un message pour dire que « BATTERIE FAIBLE OU DEBRANCHE », avant que la charge débute automatiquement.

Figure V. 8. Batterie déchargé et en pleine charge.

Figure V. 9. Batterie pleine et charge terminé.

Si la batterie est pleine, la LED qui clignotait reste allumé et constante pour montrer qu'il n'y a plus de charge de batterie c'est-à-dire la charge est déconnecté automatiquement. Dans l'autre LED devient de couleur bleu pour montrer que la batterie est pleine. Lorsque la batterie est pleine le GSM envoie un message « BATTERIE PLEINE OU BIEN CHARGE » et la charge s'arrête automatiquement.

Conclusion

Ce dispositif va nous permettre de bien suivre la charge et la décharge des batteries de stockage. Il protègera les batteries contre les surcharges mais surtout évitera les coupures inattendues et brusque du réseau de télécommunication dans les milieux environnent. Nous constatons que notre prototype fonctionne très bien comme on l'a souhaité. Pendant la pratique, nous avons fait des tests identiques à ceux que nous avons réalisés lors la simulation sur Proteus et Fritzing. Ainsi, nous avons trouvé des résultats similaires durant ces deux approches.

CONCLUSION GÉNÉRALE ET PERSPECTIVES

Nous vivons une époque où les besoins en énergie ne cessent d'augmenter de jour en jour. Actuellement, l'utilisation de l'énergie fossile est encore bien ancrée dans notre société. Toutefois, cette pratique, avec ses nombreux inconvénients, s'avère particulièrement néfaste pour notre environnement. Il est donc impératif de s'orienter progressivement vers d'autres sources d'énergie. Dans le cas particulier d'un pays comme les Comores, son hydrographie, sa situation géographique, sa superficie et enfin son état insulaire sont des atouts pour pouvoir bénéficier de tous les avantages des énergies renouvelables.

Les travaux de recherche réalisés dans ce mémoire ont été basés sur le mix énergétique c'est-à-dire un système d'énergie hybride. Le dimensionnement d'un tel système d'énergie hybride est toujours nécessaire pour rendre plus compétitive l'intégration des sources d'énergie alternatives dans le bilan des grands systèmes de production d'énergie. Dans ce contexte, ce travail est la contribution d'un système hybride constitué des panneaux PV, des aérogénérateurs (éolien), d'un groupe électrogène et d'un système de batterie de stockage. Le système étudié permet d'alimenter un site de télécommunication aux Comores de façon continue et sans interruption c'est-à-dire sans coupure du système pour éviter les coupures inattendues du réseau de télécommunication dans ses environs.

Le dimensionnement du système PV/Éolien/Diesel/Stockage étudié est basé sur les données météorologiques et radiométriques des Comores en général et de la Grande Comores en particulier lieu où sera implantée notre installation de notre dimensionnement. Une estimation de l'irradiation solaire et de la vitesse moyenne du vent a été faite selon les données des durées d'ensoleillement mensuel ainsi que des données horaires de la vitesse du vent pendant ces cinq dernières années. Il faut savoir que c'est dans l'outil de simulation 'HOMER' qu'ont été réalisées les simulations de notre travail. Quant aux caractéristiques de la tension, du courant, de la puissance du générateur PV, la simulation ainsi que le programme ont été faits sous Matlab.

Dans ce travail, nous avons remarqué que lorsqu'on diminue le prix du carburant, le système PV/Éolien/Diesel/Stockage est avantageux et est réalisable économiquement. Ce qui fait diminuer le coût global de l'énergie.

En ce qui concerne mon projet personnel, ce stage m'a également permis de concevoir un régulateur de charge solaire. Ce dispositif électronique est nécessaire pour optimiser la charge disponible au niveau de la batterie mais aussi faire le contrôle de la charge et la décharge des systèmes de stockage. Cela a pour conséquences d'optimiser les conditions d'utilisation des différents équipements et d'augmenter la durée de vie des batteries. Ces dernières restent encore très coûteuses à l'heure actuelle donc nécessitent un soin et un entretien particulier. Le choix des composants 'Arduino Uno' ou 'le module GSM 900' pour la réalisation de ce régulateur de charge a permis de réduire le coût de la fabrication tout en gardant un niveau de performance raisonnable.

Ces travaux ont également dégagés des perspectives à plus long terme. Ainsi des perspectives sont à prendre pour d'autres mesures de gestion et de commande automatique des générateurs utilisant plusieurs sources d'énergies renouvelables qui sont les suivantes :

- ☞ L'analyse intelligente des prévisions de production et des besoins pourra permettre d'aider l'utilisateur des systèmes de télécommunications à mieux adapter son comportement aux prévisions météorologiques. On pourra alors réduire les puissances installées, et donc le coût, des systèmes de production tout en satisfaisant les mêmes besoins, ceci sans perte de confort démesurée. Le consommateur aura alors toujours la même consommation, en moyenne, mais elle sera mieux répartie et plus en adéquation avec la production. Ceci pourra se faire à travers des automatismes de pilotage de certains appareils non prioritaires.

- ☞ Donner une dimension plus réaliste et pour mieux contribuer à nos objectifs de développement durable, d'établir des collaborations solides avec les organismes concernés.
- ☞ Chaque unité de production et de stockage pourrait par exemple recevoir des ordres de charge ou décharge à une puissance spécifiée par l'instance de contrôle et de communiquer en retour sa disponibilité et son énergie disponible, pour le fonctionnement du circuit de commande des entrées optimisées. Cette commande nous permet d'avoir toutes les entrées possibles, des générateurs optimisés, et d'avoir une alimentation permanente de notre charge.
- ☞ Utiliser un autre système de secours sans consommation de fuel, un électrolyseur avec pile à hydrogène par exemple, qui est une découverte récente permettant de fournir de l'énergie électrique à partir de l'hydrogène et de l'oxygène sans aucune pollution, et c'est une autre source renouvelable.

RÉFÉRENCES

BIBLIOGRAPHIES :

[1] : Vu T. Répartition des moyens complémentaires de production et de stockage dans les réseaux faiblement interconnectés ou isolés, thèse de doctorat, Université de Grenoble, (2011).

[2] : M.Bekkouche, ' Modélisation du Comportement Thermique de Quelques Dispositifs Solaires', thèse de doctorat, Bechar, 2008.

[3] : Miguel Lopez, 'Contribution à l'optimisation d'un système de conversion éolien pour une unité de production isolée', thèse de doctorat, Paris, 2004.

[4]: H.Yang, W.Zhou, L.Lu and Z.Fang, ''Optimal Sizing Method for Stand Alone Hybrid Solar–Wind System with LPSP technology by using Genetic Algorithm '', Solar Energy 82, pp. 354-367, 2008.

[6] : Politique énergétique, ''L'énergie en Afrique, chiffres et données clés' 'documentaire sur l'énergie en Afrique, 2017.

[7] : Julien Labbé, «l'hydrogène électrolytique comme moyen de stockage d'électricité pour systèmes photovoltaïques isoles », Thèse de doctorat de l'Ecole des Mines de Paris, Soutenue le 21 décembre 2006.

[8] : Bendjamâa Ibrahim, « Modélisation et commande d'un système de stockage photovoltaïque», Mémoire de Magister de l'Université de Abou-Bakr Belkaid–Tlemcen, 2012.

[9] : O. Gergaud, '' Modélisation Energétique et Optimisation Economique d'un Système de Production Eolien et Photovoltaïque Couplé au Réseau et associé à un Accumulateur'', Thèse de Doctorat, Ecole Normale Supérieure de Cachan, Décembre 2002.

[10] :(EDF, « La production d'électricité d'origine renouvelable dans le monde » Collection chiffres et statistiques, 9ème inventaire, Observ'ER, France, 2007.)

[11] : T. Zhou, '' Commande et Supervision Energétique d'un Générateur Hybride Actif Eolien incluant du Stockage sous forme d'Hydrogène et des Super-Condensateurs pour l'Intégration dans le Système Electrique d'un Micro Réseau '', Thèse de Doctorat, Ecole Centrale de Lille, 2009.

[12] : Maamir MADIHA, Gestion d'énergie d'un système d'entrainement électrique hybride basé sur un moteur synchrone à aimants permanents, mémoire de magister, présenter et soutenue en 2014.

[13] : Belhamed M. Moussa S., et Kaabech A., « Production d'électricité au moyen d'un système hybride éolien-photovoltaïque- diesel, Revue énergies Renouvelables : Zones Arides (2002), pp.49-54.)

[14] : Hussein IBRAHIM, Adrian ILINCA, Jean PERRON, Investigations des différentes alternatives renouvelables et hybrides pour l'électrification des sites isolés, Rapport interne, Laboratoire de recherche en énergie éolienne (LREE-03), Septembre 2008

[16] : ALI MOISSI, Etat des lieux et Stratégie Energétique Nationale des Comores, Direction Générale de l'Energie, des Mines et de l'Eau (DGEME), Avril 2017

[17]: Bendjellouli Zakaria, ' Contribution à la modélisation d'une cellule solaire ', mémoire de magister, Tlemcen, 2009.

[18]: L. Zarour, 'Etude d'un système d'énergie hybride photovoltaïque-éolien hors réseau', thèse de doctorat, Constantine, 2010.

[19]: BP Solar BP SX150-150W Multi-crystalline photovoltaic Module Data sheet.

[20]: Walker, Geoff R. « Evaluating MPPT converter topologies using a MATLAB PV Model », Australasian Universities Power Engineering Conference, AUPEC '00, Brisbane, 2000.

[21]: A. Oi. « Design and simulation of photovoltaic water pumping system », Thèse de Doctorat, California Polytechnic State University San Luis Obispo, 2005.

[22]: M. Angel, C. Pastor, « Conception et réalisation de modules Photovoltaïque électroniques », Thèse de Doctorat « Institut National des Sciences Appliquées de Toulouse, 2006.

[23]: K. Benlarbi, L. Mokrani, M. S. Nait-Said, « A fuzzy global efficiency optimization of a photovoltaic water pumping system», Solar Energy, 77 (2004), pp. 203-216.

[24]: M.S. Aït Cheikh et al. « Maximum power point tracking using a fuzzy logic control scheme », Laboratoire des Dispositifs de Communication et de Conversion Photovoltaïque Département d'Electronique, Ecole Nationale Polytechnique, Algérie, 2007.

[25] :G.CUNTY, « Eoliennes et aérogénérateurs, guide de l'énergie éolienne », Edissud, Aix en Provence, 2001, www.edisud.com.

[26] : F. Poitiers, '' Etude et Commande de Génératrices Asynchrones pour l'Utilisation de l'Energie Eolienne '', Thèse de Doctorat, Université de Nantes, Décembre 2003.

[27]: A. Abdulrazek, ''Design and Power Characterization of a Small Wind Turbine Model in Partial Load Region '', Master of Science in Engineering Renewable, University of Kassel and Cairo University, February 2012.

[28] : Energie éolienne, Théorie, conception et calcul pratique des installations, Désiré Le Gourières, Edition EYROLLES, 1980.

[29] : F. Poitiers, '' Etude et Commande de Génératrices Asynchrones pour l'Utilisation de l'Energie Eolienne '', Thèse de Doctorat, Université de Nantes, Décembre 2003.

[30]: S. Elaimani, '' Modélisation de Différentes Technologies d'Eoliennes Intégrales Dans un Réseau de Moyenne Tension '', Thèse de Doctorat, Ecole centrale de Lille,

Décembre 2004.

[31]: N.kasbedji Merzouk, ‘ Evaluation du gisement énergétique éolien contribution à la détermination du profil verticale de la vitesse du vent en Algérie ’, thèse de doctorat, Tlemcen, 2006.

[32]: H. CAMBLONG, « Minimisation de l’impact des perturbations d’origine éolienne dans la génération d’électricité par des aérogénérateurs à vitesse variable », Thèse de Doctorat, Ecole Nationale des Arts et Métiers de Bordeaux, Décembre 2003.

[34]: M.J.Khan, M.T.Iqbal “Dynamic Modeling and simulation of a small Wind-fuel cell hybride energy system” Renewable energy, 30, 2005.

[35] : T.Senjyu, T.Nakaji, K.Uezato, T.Fanabashi “A Hybrid power system using Alternativ energy Facilitie in Isolate Island” IEEE Transaction on energy conversion, June 2005

WEBOGRAPHIES:

[5] : Observe, E. (2011). La production d'électricité d'origine renouvelable dans le monde. Collection chiffres et statistiques. Neuvième inventaire-Edition.

[15] : http://www.aoffrac.com

[33] : Wind power: www.wind po